大展好書 好書大展

大展好書 好書大展

婦幼天地
38

使妳的肌膚更亮麗

楊　皓／編著

大展出版社有限公司
DAH-JAAN PUBLISHING CO., LTD.

序文

二次大戰之前，每千名女性當中約有一名為肝斑（即雀斑、黑斑）所苦，大戰後則增至每千人有四十名。這些數字還是僅限於嚴重得必須看醫生的人而言，若加上輕微肝斑者恐怕要超過每千人有一百人的數字了。

再推演到三十年後的現在，苦惱於肝斑的女性已達兩人當中即有一人的地步（面皰也呈等量增加）。

肝斑的產生與溫度的上昇成正比，夏季比冬季容易長肝斑（面皰亦同）。如果高溫再加上乾燥的話，皮膚更容易變得又黑又粗。

這種情況對於位居北半球亞熱帶的我們而言，實在不是一項好消息。

根據調查，位於北極圈的蘇俄從一九六一年以來，每年溫度上昇0.1度。而位於台灣東北方的日本，也有雨量漸增雪量漸減傾向。

氣候溫暖化的傾向，對我們的皮膚有很大的影響。因為長時間的日曬，會增厚皮膚表層的角質代謝。角質層一旦增厚，皮膚所含水分比例下降，自然變得粗糙、長斑。

人體除了大腦細胞之外，幾乎所有的細胞都有周期性新陳代謝。表皮的代謝情況最為明顯，通常二十八天即更新一次。至於紅血球的代謝非常快速，一秒鐘破壞二百萬個，也製造二百萬個，每天約產生二千億個新紅血球，一百五十天全身紅血球就更換一次。

人體在每日的進食當中攝取養分，反覆地進行破壞與建設以圖生存。因此，使用新的方法改變過去皮膚新陳代謝的速度，減緩皮膚老化等，是極有可能實現的事。

本書的宗旨乃在教導各位如何了解皮膚、保養皮膚。希望各位讀者在讀完此書之後，能夠正確地保養肌膚，成為人群中最亮麗的美人！

目錄

目　錄

第二章　充滿疑問的美膚知識

——重新認識化粧品

第三章　無形的殺手
——引起肌膚障害的原因

第四章　人人可行的美容保養法
——讓您的肌膚更美

第一章　皮膚的基本知識

——皮膚的真面目

1 了解「皮膚」的構造

*所謂肌膚是指什麼?

●皮膚的厚度只有0.1毫米

在進入主題之前，讓我們先認識〈皮膚的構造〉。皮膚，從表面往裏排列，大致可分爲表皮、眞皮、皮下脂肪組織三層。最上層的表皮層又分爲「角質層」和「馬耳辟奇層」。所謂「角質層」是皮膚的最表層，正常狀態的厚度約爲1/20毫米。俗稱「皮膚」，是指日晒會脫皮的那部分。角質層是由20張薄至1/400釐米的角質片(硬蛋白質)重疊而成。

「馬耳辟奇層」緊接於角質層下方，由顆粒層、有棘層、基底層構成，厚度約爲1/20毫米。顆粒層的排列狀態是2個顆粒細胞重疊，有棘層是五個圓型有棘細胞，呈直立排列。基底層是「細胞之母」，長型直立的基底細胞不斷反覆分裂，產生新細胞。從「馬耳辟奇層」轉換到「角質層」，在正常狀態下，所需時間約爲28

天。

我們很容易將人類的皮膚與動物的皮連想在一起，誤認為人類的皮和動物的皮

●皮膚的構造圖（斷面）

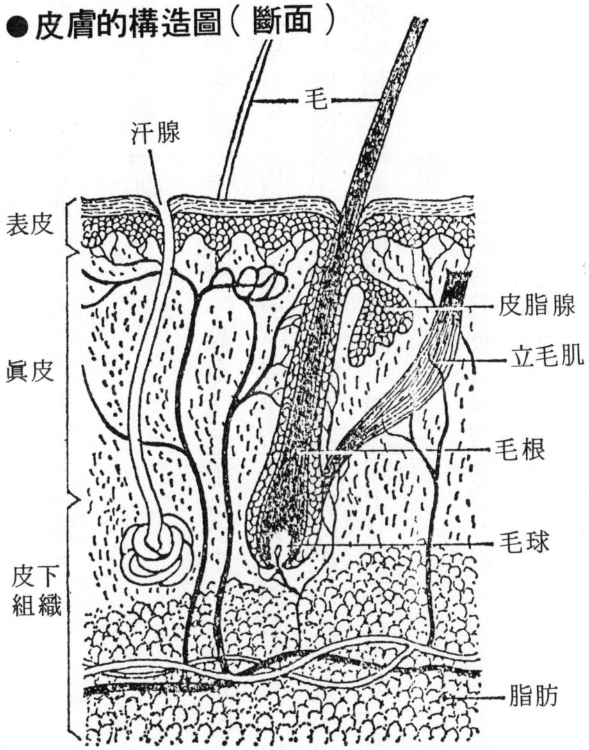

一樣厚。其實，馬耳辟奇層（$\frac{1}{20}$毫米）加上角質層（$\frac{1}{20}$毫米），總計只有$\frac{1}{10}$毫米，即0.1毫米而已，人類的皮膚非常薄。

●汗水滋潤肌膚

最表層的「角質層」經常保持適度的水分。理想的水分是角質重量的20～25%。相對地，「馬耳辟奇層」以下的水分量為體量70%。由於角質層與馬耳辟奇層之間有一層薄膜相隔，即使身體受到強烈的壓迫或熱氣，也不會大量排出水分，而使身體變乾、脫水。換句話說，「人體中有70%是水分」這句話是指馬耳辟奇層以下的體內水分量而言。

而角質層也是靠著這層薄膜的滲透，衡保20～25%的水分量。

其次談到汗水。汗腺的功能是隨著周圍的溫度調節汗水的流量，使皮膚保持正常的濕潤感。全身皮膚表面的汗腺總計有二四〇萬個。汗水中含有鹽分、乳酸、尿酸等，使水分不易蒸發。

2 輸送氧氣與養分到表皮

＊「真皮」的功能

●真皮是皮膚的水分、養分供給處

表皮的底下是「眞皮」。眞皮包括蛋白質、糖質、無機鹽類、以及水分等結凍狀物質，其功能是輸送氧氣、養分到皮膚。眞皮中充滿水分，是皮膚主要的營養供給來源。

眞皮層當中最接近表皮層的是「乳頭層」。乳頭層充滿水分、動脈微血管與靜脈微血管在此緊密結合。動脈微血管中的血液在此處放出皮膚所需的營養與氧氣之後，流向靜脈微血管而去。

眞皮當中有一層「網狀層」，是由水分與網狀的組織而成，是表皮的柔軟層，不供應水分給表皮，主要功能是吸收角質層的汗水。

3 皮下脂肪能夠調節體溫

*皮下組織的功能

●隨著氣溫的冷熱不同，脂肪量發生改變

緊接在表皮、眞皮下面，也就是肌肉、骨頭上面的是「皮下組織」，由於其中以脂肪爲主要部分，故又稱「皮下脂肪組織」。

皮下組織的功能在於防止全身體熱的流散，保持人體一定的體溫。而其中最重要的脂肪量隨著人種、氣候環境而異。例如位處於北緯10度～南緯10度，以赤道爲中心的衣索西亞、肯亞、坦尙尼亞等酷熱國家的人民，脂肪量都很少。相對地，位於北緯50～60度的阿拉斯加、加拿大、瑞典、蘇俄以及南緯50～60度附近的智利、阿根廷南部、南極半島等的寒帶人民，由於身體需要保溫的關係，脂肪量均很多。大量的皮下脂肪使體型圓胖，有利於減少散熱面積，耐嚴寒的愛斯基摩人就是其中的典型。

脂肪與氣溫的關係在四季的變化中也有明顯的表現。一般而言，從四月起一直到盛暑，身體的脂肪量逐漸減少（八月最少），而經過秋天，脂肪量又逐漸增加，到了冬天身體囤積的脂肪最多。從脂肪散放體熱的觀點來看，即可知「夏天變瘦」的道理了。

此外，男性與女性的脂肪量不同。男性約爲體重的20%，女性約爲30%。較多的脂肪量使女性的身材看起來豐滿、柔軟而有曲線，也比男性更能耐寒。不過，位處於亞熱帶的人民不需要過多的脂肪。

至於談到脂肪與美容的關係，由於皮下組織與皮膚之間夾了一層眞皮，即使脂肪稍微過多，亦不會對肌膚造成直接的影響。

4 嬰兒的肌膚爲何那麼美？

*找回理想的肌膚

●胸部、大腿的肌膚紋理為何仍然柔細？

嬰兒嬌嫩、細綿綿的肌膚任誰都羡慕的想要抱一下。如同一個剛被摘下的果實，全身光滑，沒有任何斑點或粗紋。相信每一個成年人都想要再次擁有那樣理想的肌膚。

等一下！您是否發現自己身上仍殘留某些「嬰兒的肌膚」？請仔細端詳一下自己的胸部、腹部、手臂內側、大腿等處的皮膚，您會意外地發現，那幾處的肌膚紋理又細又白又光滑。

同樣是自己的皮膚，爲何與暴露在外的臉、手臂等的肌膚完全不一樣？反應靈敏的人應當立即發覺那是因爲同樣性質的皮膚所處的條件不同之故。皮膚就如衣服、守衛，具有保護紫外線侵入的功能。

嬰兒的肌膚會那麼滑潤的一大原因也在此。嬰兒誕生之後很少受到紫外線的侵襲，皮膚自然美麗。

相對地，我們的肌膚——特別是臉、手、腳等部位，經常曝露在紫外線中，皮膚表面增厚（角質層增厚），自然變得粗糙、不光滑。想要理解整個原理、過程必須先了解「紫外線與皮膚的關係」。

●紫外線引起「角質肥厚」

肌膚大量吸收陽光中的紫外線之後，可能引起日射病、皮膚炎、下痢或精神障害等疾病。但是，在紫外線的危險度範圍內皮膚能夠產生自衛能力，即增厚最表皮的角質層，以對抗紫外線的侵襲。

海水浴之後的「脫皮」現象就是最明顯的例子。在強烈的紫外線侵襲之下，皮膚表面的角質層急遽增厚。增厚的角質層在三日～一週之內脫落，即所謂的「脫皮」。雖然脫皮不是什麼大不了的事，但也可看出皮膚抵抗紫外線的奮鬥經過。

海水浴算是比較極端的例子。以一般情況而言，我們的肌膚經過幼稚園、小學、中學……經年累月的吸收日光（紫外線），角質層自然逐漸加厚以維護皮膚的健康。

角質層加厚稱爲「角質肥厚」，是皮膚的護壁，也是皮膚粗糙的原因。

●實現28日一周期的角質代謝

皮膚表面的「角質層」本來相當薄，只有1/20毫米。汗水滋潤角質層，使其含水量保持在角質重量的20～25%之間，這是最理想的肌膚。嬰兒的肌膚是其典型。

但是經年累月的大量吸收紫外線，使角質層爲自衞而增厚（比原來的1/20毫米厚）。角質層增厚，皮膚中的含水比例自然下降，肌膚水分不足，於是呈現乾燥狀態。

這種情況連幼兒也可能發生。經常在外頭遊玩，受到紫外線照射的兒童，即使是零歲～三歲的「黃金肌膚」亦會增厚角質層，失去原來豐潤、剔透的美麗肌膚。即便處於嬰兒期，一旦超過理想的1/20毫米厚度，皮膚也會呈現粗糙的現象。

然而，我們可能再度擁有如嬰兒一般的細膩肌膚嗎？結論是可能！

我們的皮膚本來是以28日爲一周期，日日更新變換。新的細胞在新生後的第14天開始「角質」化，7天後浮出皮膚表面，一週（7天）後剝離皮膚，前後共計28天。每天都有新的細胞產生，也有舊的細胞剝離。

這28日的過程稱爲「角質代謝」。只要「角質代謝」過程順利進行，皮膚自然能夠保持豐潤、光滑。但是成人的肌膚代謝卻無法順利進行，因爲增厚之後的角質層代謝速度較慢（一周期超過28日以上）。速度越慢越助長角質肥厚，在互相惡性循環下，造成皮膚粗糙、斑點的原因。

而嬰兒的肌膚不經常受到紫外線的照射，沒有引起「角質肥厚」、「角質代謝」自然作用，保持28日一周期的理想狀態，皮膚當然嬌嫩、光滑。

這是最重要的一點，必須使肌膚維持28日一周期的正常角質代謝狀態，才有可能再度擁有嬌嫩欲滴的肌膚。總之，皮膚也有它的生理周期，以下將爲您逐步介紹之。

5 肌膚來自於細胞分裂

*製造皮膚的過程

●皮膚是日日新、時時變

如前所提，想要擁有美麗的肌膚，必須先有健康的角質層。所謂健康的角質層當然是指正常的周期。

皮膚看似每天都一樣，其實無時無刻不在進行微妙的變化。人類皮膚的最佳狀態是每日反覆28日周期。以下就整個過程（角質代謝）加以詳細說明之。

①表皮的最底層是基底層，「基底細胞」由一分裂爲二僅需一分鐘。

②分裂爲二的基底細胞逐漸變圓，成爲「有棘細胞」。有棘層共有5～6層，此層的細胞有如電梯一般，由下往上擠壓。

③被擠壓而上的有棘細胞進入顆粒層，變成「顆粒細胞」。

④顆粒層有2～3層。最上層的顆粒細胞被擠成薄薄的角質片，此時內部的「

●細胞圖

角質片在皮膚表面停留7日之後剝離。

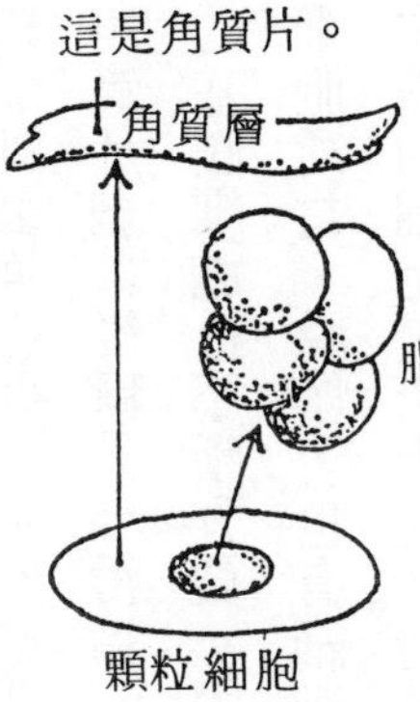

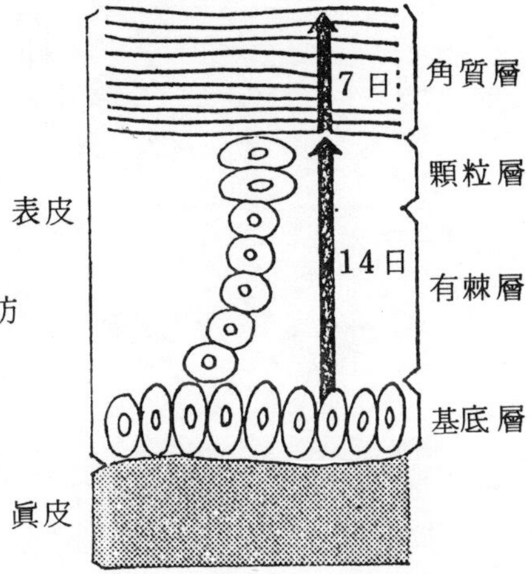

「脂肪」呈水的狀態滲透到細胞之外，擔任黏接角質片的工作。另一方面，逐漸脫離脂肪的細胞殘骸，即是硬蛋白質的角質片。

從①～④需花費14日。佔整個過程的一半。

⑤新誕生的角質片位於角質層的最下層，必須經過7日才能到達上層。佔全部過程的¼。

從①到⑤已經完成¾。

⑥浮出皮膚的角質片在原地滯留7日，即所謂的「皮膚」。

⑦停留7日之後，角質片變成死骸脫離皮膚。

從皮膚底部到表面之間只有0.1毫米，皮膚細胞卻需要28日才能到達。表面的角質片剝落後稱爲「汚垢」。角質片不斷剝落，底下的顆粒細胞不斷補充，基底層的基底細胞也不斷分裂。因此，所謂「28日周期」是指每日都是第28日，每天都有細胞死亡、脫落，也有細胞新生、轉變。

總之，皮膚的細胞是天天變、時時生。皮膚粗糙、不良的人絕對有恢復美麗肌膚的可能性。

6 「汚垢」是皮膚的死骸……!?

*保持清潔、美麗的肌膚

●汚垢附着減緩代謝速度

皮膚最表面的角質片經過7天的停留後，成爲死骸而脫落，即所謂的汚垢。汚垢經過7天逐漸脫落，是「角質代謝」活動順利的證明。但是，如果汚垢（即角質片的死骸）在7天後沒有脫落而仍然停留在皮膚表面上時，皮膚受到影響，會產生反應。

當角質片長期停留在皮膚上時，表皮底部的基底細胞爲配合緩慢的代謝速度，會減緩自身的分裂速度。於是整個代謝機能呆滯，破壞了28日的理想周期。皮膚的反應也會逐漸發生！

首先是面皰的治癒力減緩，日晒後的肌膚不易恢復、黑斑、雀斑增多……等。嚴重者可能發生臉部發黑等不健康的症狀。

●污垢附着造成皮膚骯髒、乾燥

第二是擔心所謂的「不乾淨肌膚」。死掉的角質片如果長期附著在皮膚表面上，會使肌膚缺乏水分、乾燥。於是角質片的透明度降低，使臉色變成淡褐色。這就是都市人經常患得的「不乾淨肌膚」症。

第三是「乾燥肌膚」。角質片的脫落速度降低，整個代謝速度自然減緩，但是並非完全停止，仍然有新的角質片被依次送上角質層。但是皮膚表面已被舊的角質片佔領，於是角質層逐漸囤積、增厚，超過應有的$\frac{1}{20}$毫米以上。

肌膚的含水比例也因角質層的增厚而漸顯不足。水分減少，肌膚失去滋潤而成爲「乾燥肌膚」。

●應當積極去除污垢嗎？

在前文中已經說明角質片的殘骸長期附著在皮膚表面時，的確會使皮膚不良。然而，積極地洗掉死的角質片（污垢）就能使肌膚美麗嗎？不，那是錯的。勉強除去皮膚表面的角質片，反而會增厚角質層，這種現象稱爲「身體原狀穩定功能」。

引身旁的例子而言，蜥蜴斷尾之後有再生能力，也是屬於「身體原狀穩定功能」。「原狀穩定」又稱爲「自我複製能力」。傷口癒合時新肉隆起，也是此種能力旺盛的結果。

角質層也是如此。勉強除去角質片反會使角質層增厚。因此，用藥品除去表面的角質片、或用粗毛巾用力洗臉使污垢脫落，表面上似乎有益於肌膚，實則剛好相反。

●用浮石除繭反而更糟

「原狀穩定」活動過濾時對於肘、膝、後腳跟等處均有壞影響。例如「浮石」。用浮石磨擦腳後跟、肘、膝等硬皮、生繭處（即角質片），雖然能夠暫時去掉硬皮，但是由於「原狀穩定」的作用，刺激、壓迫、摩擦部位的結果反而使角質層產生反應，變得更厚、更硬。

那麼，要如何做才能除去肌膚上的汚垢呢？最重要的當然是要使皮膚表面上的角質片，在停留7日之後順利脫落。其理論與方法將於後文逐一介紹。

7 皮膚為什麼會變黑？

*黑色素由透明到着色

●罪魁禍首是「紫外線」……

俗語說：「一白遮百醜」。也許是受到此話的影響，一到陽光強烈的季節，到處可見遮遮掩掩怕被晒黑的女性。

但是，現代女性絕不可能一輩子都不受到陽光（紫外線）照射。只是多寡的差別而已。因此，皮膚變黑是免不了的事情。

但不疑置否的，擁有一身潔白、美麗的肌膚，仍是每位女性的願望。

然而，為什麼皮膚一遇到紫外線就會變黑呢？那是因為覆蓋在皮膚表面的角質片含有「黑色素」的緣故。以下就簡易解說「黑色素」與「紫外線」的關係。

●日曬黑膚及黑斑都是「黑色素」在作祟

靠近表皮的血液碰到日光（紫外線）之後，會產生一種黑蛋白，並沈入基底層。

基底層裏有一種黑色原細胞，此種細胞具有一種酸化酵素，能促進黑蛋白的活動。黑蛋白不斷活動，變成七種物質，最後製成「黑色素」。換言之，黑色原細胞是製造「黑色素的工廠」。至此所需時間爲三天。

製成的「黑色素」被送入基底細胞當中，然後經由角質代謝作用浮出皮膚表面，最後溶入角質片，與污垢一起脫落。

「黑色素」本來是無色。但在突然接受大量紫外線，或者持續接受少量的紫外線時，黑色素會變爲褐色或黑色。前者如海水浴的日晒，後者如臉、手、腳的經常曝晒而使皮膚逐漸變黑等。相對地，胸部、大腿等較少接觸紫外線的部位，黑色素仍然接近無着色狀態。

因此，儘管日晒使皮膚變黑，只要角質代謝順利進行，到了冬天皮膚自然又變白。

但是千萬不可疏忽。尤其是二十歲以後的女性，過度曝晒是日後黑斑的一大原因。

十八歲以前，年輕而光滑的肌膚新陳代謝活潑。相對地，十八歲以後的女性肌膚新陳代謝逐漸衰退，黑色素一旦着色很難脫落，往往累積成爲黑斑。

因此，一旦超過十八歲，應當經常留意避免日晒，才能保持潔白的肌膚。

8 黑色素的功能

*黑色素的另一種功效

●保持體溫、遮斷外熱以及阻止吸收過量的紫外線

「黑色素」的存在並非完全沒有好處。它擁有二種極重要的功能。

第一是「保持體溫」。以日晒後的皮膚爲例，女性大都只會抱怨皮膚晒黑了……之類的話，其實皮膚變黑是爲抵抗外熱，使人體保持一定的體溫。

此外，當體內的血液呈現酸性傾向時（即身體疲勞時），黑色素也會着色以防體內的熱量流失。疲倦、生病時，眼圈、臉頰發黑就是黑色素活動的結果。

第二種功能是阻止吸收過量的紫外線。

紫外線含有一種內紫外線，能使血液傾向酸性，是造成身體疲勞的要素。因此，即使什麼事都不做，長時間的曝晒紫外線，人體也會自然疲勞。

但是，人體有某種自然的防衞力量，可以阻止人體繼續精疲力竭，那就是黑色

素的着色。

前面提過，血液傾向酸性則黑色素會着色。除此之外，黑色素着色之後，還能夠阻止吸收過量的紫外線，以防身體過度疲勞。

肝、肺、心臟等發生疾病，膚色自然變黑也是最典型的例子。

海水浴所造成黑膚也是如此。着色的黑色素阻止吸收限度以上的紫外線，對於防止疲勞，保持體溫及遮斷外熱有極大的貢獻。

再者，黑色素也不是百分之百完全着色。總數量不變，而着色比例則視身體需要而有增減。

9　「汗」關係著身體與皮膚的健康

*重視汗腺的功能

●汗腺總計二百四十萬個，具有調節體溫的功能

從健康、美容的觀點來看，汗有重要的存在價值。

汗由汗腺分泌。汗腺呈細管狀，遍佈全身，盤繞在眞皮或皮下組織底下。

全身的汗腺總計約有240萬個。有趣的是，亞洲人比歐美人多了140萬個汗腺。大概是受到環境等自然因素的影響吧！總之，亞洲人是屬於「多汗」的民族。

由於微血管必須將製造汗水的原料運給汗腺，因此汗腺通常與微血管纏繞在一起。將所有的微血管接在一起，總長約有74公里。240萬個汗腺配合74公里的微血管，每天生產大量的汗水。溽暑一日平均出汗3公升、嚴冬約0.6公升、運動時約7～8公升。出汗量爲何不同？其中意味著什麼意義與功能？

排汗最大的作用是「調整體溫」。

盛夏的氣溫使體溫升高，此時有賴大量排汗才能降低體溫，保持正常的37度左右。同樣地，多天排汗量減少是爲了防止體溫降至正常體溫下之故。

短時間的排汗最高限量約10公升。稱爲「暫時性出汗」，突然大量出汗之後，可能發生暫時性的不出汗。例如在盛夏做激烈的運動，出汗量突然增至8～10公升，體內汗腺分泌量不足，熱量無法順利散發，導致體溫上昇，便容易感染夏季型感冒或中暑。

雖然排汗與肌膚美容沒有直接關係，但是排汗功能失調，無法順利調整體溫的話，即成爲典型的「無汗症」。

當我們攝取食物之後，體溫急遽上昇至40度。因此，體內惟有利用發汗才能再度降低體溫。如果罹患無汗症，體溫一旦上昇就無法下降，若不快速處理，一旦併發「腦症」，6日後立即死亡。因此，無汗症者必須使用人爲的方法，每小時以冷水澆身一次，使體溫下降。

●是乳酸、尿酸的清除器

汗的第二大功能是「排除體內的廢物」。

表面上汗的成分只有水，其實其中含有鹽分、乳酸、尿酸等。

首先談到乳酸。如果乳酸不能與汗水順利排出體外，一旦滯留在體內會與蛋白質結合成「乳酸蛋白」，造成肌肉發硬等現象。如肩膀酸痛、腰痛、心臟及血管、肌肉不協調……等均是乳酸蛋白的作用。

此外，尿酸也是人體的搗蛋鬼。如字面所示，尿酸主要隨尿液排出體外，但有部分含在汗中。如果發汗不順暢，殘留在體內的尿酸量增加，是腎臟疲乏、關節酸痛、頭痛等病症的肇因。

只有讓多餘的乳酸、尿酸隨著汗水一齊排出體外，才能保持健康。因此，您千萬不要討厭「臭汗滿身」，相反地還要慶幸順暢的汗腺讓您擁有健康的身體。

例如，高溫多濕的梅雨常令人患病，那是因爲空氣中的濕氣過量、汗水無法順利排出所致。而長期處於冷氣房的人也容易生病，那也是因爲進入冷氣房之後排汗量突然減少之故（對於冷氣病或感冒，最好的方法是採用「發汗療法」，如飲用熱湯、以棉被包身取暖等。總之，各種因排汗不良所引起的症狀，均以積極出汗爲主要療法）。

10 潤滑皮膚的「天然乳霜」

*皮脂腺的功能與結構

●一日2公克的「油脂」足以滋潤肌膚

滋潤皮膚表面的除了水分之外，還有「油脂」。

油脂來自於「皮脂腺」的分泌。皮脂腺位於皮下0.5毫米，長著汗毛的毛囊壁中，形狀如臥壺，每個毛穴至少有一個皮脂腺，多則二、三個不等（全身約有二十萬根汗毛）。

皮脂腺是由特殊細胞構成。皮脂腺吸收微血管中的脂肪、氨基酸製成「脂細胞」。脂細胞被運送到皮脂腺中心之後，逐漸改變形狀，最後變成「油脂」。「油脂」經過皮脂腺、毛囊壁，順著毛管而上流到皮膚表面。全身的一日流量約2公克。

乍聽「油脂」二字，也許會連想到平常的沙拉油或奶油。其實，由皮脂腺流出的「油脂」濃度很低、接近水狀，不會凝固在皮膚表面，一分鐘可擴散直徑4厘米的面積。即使臉形較大的人，在五分鐘之內整個臉均已覆上一層「油脂」，它的擴散能力非常強。

也許您會問「油脂與汗水有什麼關係？」兩者的關係非常密切，水狀的「油脂」能夠與蒸發之後的汗結合成「皮脂膜」，薄薄地覆蓋在皮膚表面，防止皮膚乾燥。

●面皰・油性肌膚與正常肌膚

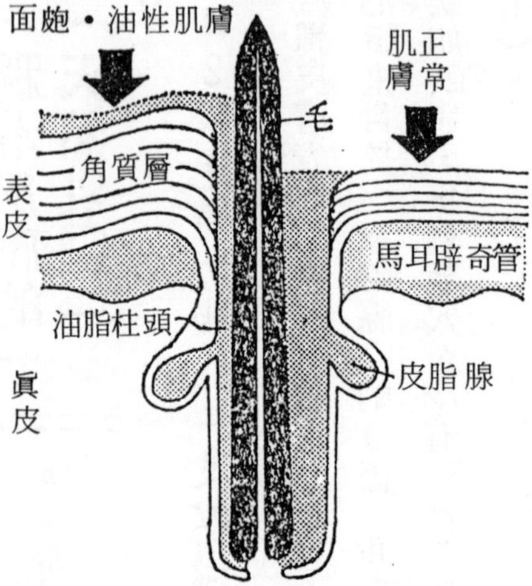

最近某婦女雜誌將油脂與汗水乳化成「皮脂膜」的狀態，稱爲「天然的乳霜」。

「皮脂膜」同時具有降低皮膚表面溫度的功能，對於防止汗斑等非常有益。不過以上所提的「油脂」及「皮脂膜」的功能都是就良好的肌膚而言，如果是「油性皮膚」可就不是那回事了！

●洗臉的一大目的在於促進皮脂腺的活動

如果我問您「爲什麼每天早晨要洗臉？」也許您的回答是「除掉臉上的汚垢、振奮精神……等」。當然這些回答並沒有錯，但也不十分完整。

其實我們每天洗臉，並非只是淸除臉上的汚垢，或使精神振奮而已，還能夠除去長時間停留在臉上的髒「皮脂」，促進新皮脂的產生。因爲促進新皮脂產生的原動力就是在於洗臉時的「觸壓」動作。

幾年前大家仍以爲，皮脂腺的油脂是藉著「起雞皮疙瘩」的動作被擠壓到皮膚表面。會起雞皮疙瘩的情況通常是在冬天，但冬天時的皮膚表面並無充分的油脂，反而很乾燥，理論與實際情況相矛盾。直到最近才產生一種有力的新學說，認爲新油脂的產生與皮膚表面油脂量的「壓力差」，有極密切的關係。

物質的原則，是從有壓力的地方移向無壓力的地方。油脂也遵守此項原則。當皮膚表面的油脂減少時壓力減少，於是皮脂腺的壓力相對增加。油脂從壓力大的皮脂腺移向壓力小的皮膚表面，一直到雙方壓力均等才停止排出油脂。

油脂在經常洗臉的情況下停停送送，適量供給皮膚表面，使肌膚常保滋潤。

11

皮膚的新陳代謝關係著健康與生存

*有健康的肌膚才有健康的身體

●正常角質代謝的長遠益處

前文已經一再說明擁有健康肌膚的條件，是進行「28日周期角質代謝作用」。惟有如此才可能擁有「如嬰兒般的肌膚」。然而，順暢的角質代謝不但對肌膚有好處，對於全身機能的帶動，更有莫大的責任及益處。

理想的角質代謝，是每天脫落一些皮膚表面的死細胞（汚垢）。舊的細胞不斷死去，新的細胞不斷再生的結果，皮膚細胞的活動必然日趨活潑。而與製造皮膚細胞有關的所有器官，如內臟器官、血液、神經細胞、酵素的活動也會變得順暢。最後的結果是全身機能活潑化、身體健康無比。總之，有正常的28日周期角質代謝功能才會有健康的身體。

製造新的細胞時，血液負責運送材料的工作。而神經又與血液有密切的關係。

當血液不斷搬運材料時，神經也被要求固守崗位，於是血液與神經系統都變得很活絡。

另一方面，當血液在搬運材料（即養分）時，各內臟器官也必須將養分轉換成血液容易搬運的形式（氨基酸），亦因此帶動各內臟器官的活動。

爲配合新細胞的製造，從表皮到身體內部，各個器官分工作業，形成一個工作鏈——表皮↓血液↓神經↓內臟器官↓其他器官。從小小的皮膚新陳代謝到生命的生存，我們不得不讚美造物主的偉大與生命的奧妙。

12 肌膚的自我保養能力

*卓越的效果

●「原狀穩定」作用對肌膚頗具效果

我們的身體，只要不是罹患特殊病變，對於通常的疾病、傷口都有自行治癒的能力。

皮膚也是一樣。表皮底層不斷分裂出新細胞，皮膚表面也不斷送出新的角質片，每天都保持最新的狀態。這種源源不斷的生產乃是基於「原狀穩定」的自我複製作用。因此，與生具來的肌膚，即使不施與任何外力，均能以本身的能力保持正常的狀態（註：此乃「原狀穩定」中的恒常性）。

皮膚醫學對於表皮有以下的詮釋——

「人體的皮膚表面覆蓋一層皮脂膜，此膜與下層的角質層結合，混合水、油脂形成一層「保護膜」，抵抗外來的化學性、物理性的刺激，具有保護皮膚的作用。此外，表皮所含的黑色素，也有抵抗紫外線刺激的作用。總之，即使周圍的環境稍微乾燥一些、或者日光稍微強烈一些，皮膚都有自我調節、保衞的能力。」

●那些東西足以阻礙「原狀穩定」

事實上，我們的皮膚不可能完全沒有毛病。甚至可以說毛病還不少！皮膚爲什麼會出毛病呢？

最大的原因有以下三種，即①營養霜、酸性化粧水或油性化粧品的過量使用、②近百年來北半球的氣溫有顯著昇高的傾向、③日照時間（紫外線及紅外線）的加長。

這些大敵使我們肌膚的「原狀穩定」難以正常運作。有關詳情將於第三章仔細介紹，此處僅提供爲基本常識之用。

13 指甲油與指甲的關係

*指甲的構造與水、油脂量的平衡

●指甲也是來自於角質細胞

指甲板和毛髮的表皮一樣都屬於角質細胞。只是，附著皮膚表皮上的角質細胞，呈鱗片狀而陸續脫落。指甲的角質片卻緊密相結，在構造上與毛髮相同，屬於硬蛋白質。

指甲板直接連在指甲床的有棘細胞上，成長速度爲一日0.1毫米，一個月約3毫米。其下的乳頭層附有神經及血管。

製造指甲板的是位於指甲後下方最邊緣地帶的「指甲母」。對指甲而言，此處最爲重要，通常有皮膚覆蓋並且有微血管通行。特徵是色澤混濁、有類似皮膚表皮的馬耳辟奇層（基底細胞、有棘細胞、顆粒細胞層）細胞及尚未角質化的顆粒細胞。

此外，半月甲（指甲根白色透明呈彎月型部分）是尚未完全角質化的表現，顏色透明且白是光的反射作用。

通常指甲的水分量約佔整體的7～12%，脂肪量0.15～0.76%。水與油脂的比率約爲10比1，這是最佳狀態。水分一旦不足，指甲變得脆而易斷。

●指甲油和去光水的問題在哪裏？

通常女性塗指甲油（或去光水）是爲了使指甲看起來更美，其實這些修飾品對於指甲本身是百害而無一利。

以指甲油來說，其成分是——賽璐珞＝8%、醋酸鋁＝20%、醋酸乙基＝65%、丙酮＝5%、亞麻仁油＝2%……。其中醋酸乙基及丙酮的功用是使賽璐珞乾燥、固定，並使色澤均勻。

有害於指甲的部分是它的蒸發性（揮發性）。因爲醋酸乙基在使賽璐珞乾燥時，連指甲最重要的水分也一併蒸發掉。

此點與去光水相同。因爲去光水的主要成分也是醋酸乙基，因此在去掉指甲油的同時，指甲的水分也被除去。

補救的辦法是在去掉指甲油之後，爲指甲塗上一層良質的油脂，或浸泡在不易揮發的化粧水中。

如果您非使用指甲油不可，也請儘可能使用淡色指甲油。當然了！儘快除掉指甲油才是上上之策！

14 有正常的頭皮才有健康的髮絲

*頭皮與頭髮的關係

●一根頭髮的壽命約為4～5年

生長頭髮的頭皮也是皮膚的一種，其基本組織與其他部分的皮膚大致相同。只是頭皮較薄，加上頭皮下方有個大頭蓋骨，讓人看起來有些不同而已。

頭皮是生長頭髮的地方，總數約十萬根。一日約可長0.2～0.5毫米，壽命約有4～5年。當然不可能同時十萬根一齊脫落，再同時長出十萬根頭髮。原則上是「歲數」一到即陸續脫落，脫落的部位也立即補上新生髮。頭髮的更替過程如下：

髮根的部位叫做「毛乳頭」，是「頭髮的生產工廠」。毛乳頭是皮膚的一部分，被緊緊包黏在髮根裏面。

當頭髮的壽命接近終了時，頭髮內部的髓質和毛乳頭之間開始產生氣泡。於是毛球的固著力（本來黏在毛乳頭上）逐漸衰退，並開始移向頭皮表面。此種狀態的

●毛髮的斷面圖

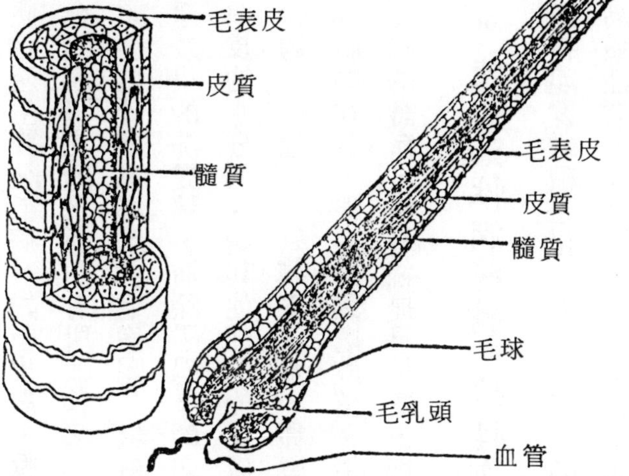

舊髮稱爲「劣質髮」，髮根部分呈掃箒狀，色素變淡。舊髮脫落之後毛乳頭呈扁平狀，準備再長新髮。有時候舊髮尚未脫落，新髮已形成，此時新髮會逐漸將舊髮推出，強迫進行更替。

這時，如能經由微血管將蛋白質、脂肪、含水炭素、礦物質等製造頭髮所需的養分，順利運送到毛乳頭，就能依次生產出健康的毛髮。

以正常狀態的成人而言，20～30歲的每日脫毛量約90根，50～60歲約150根。若不論年齡，每日掉髮20根都屬正常範圍。

●AES等合成洗髮精對頭髮的影響

前面所提的髮毛狀態，都是指頭皮及其他功能正常運作而言。如果功能異常，頭髮便會產生許多毛病。如頭皮屑、脫髮、少年白、少年秃……等。而且，這些症狀不會隨著時光的飛逝而有所改善。

頭髮爲什麼有那麼多毛病呢？坦白地說，那是AES合成洗髮精在作祟。這種高洗淨效果的洗髮精，清除了過多的頭皮油脂。

頭皮的水分與身體其他部位的皮膚一樣，都必須依賴油脂與汗水才能保持。如果去除過多的油脂，只剩下汗水，那麼頭皮會變得乾燥。同時，頭皮表面的角質層缺乏油脂的黏合，很容易到處散落。這些散落的角質層就是頭皮屑。乾燥的頭皮會縮短髮絲的壽命，使髮絲提早掉落，即所謂的「脫髮」。

●不可使用油性潤絲精和酸性潤絲精

挽救頭髮繼續惡化的方法，首先必須停止使用脫油性過強的AES合成洗髮精，或高鹼性度（PH9～10）的肥皀，而改用PH8左右的洗髮精。以洗淨效果來說，PH9是最適當的，但是對於頭皮有所傷害，所以PH8似乎更爲妥當。雖然汗水與油脂混合之後，對於PH８的洗髮精具有「中和鹼性的能力」，但仍不要長時間使用洗髮精，以免傷害頭皮與頭髮。

許多常長頭皮屑的人，不了解洗髮精的害處，還每天拼命洗髮，結果是頭皮屑愈洗愈多。如果您有這種現象請立即考慮改用適當的洗髮精，這才是上策。

此外，許多人在洗髮後有使用潤絲精的習慣。油性潤絲精會使皮脂腺萎縮、酸性潤絲精會使皮膚本來具有的「鹼性中和能力」減弱，使用時請慎加考慮。其實最好的「潤絲」方法是在洗髮後保持水分，並充分擦上沒有刺激性的保養乳液即可。

此外，若想保養頭髮或使頭髮長得快些，可多食蛋黃、牛肉、雞骨湯等食物。或者利用洗臉的機會，用手磨擦咽喉，刺激甲狀腺荷爾蒙，達到快速增髮的目的。

第二章　充滿疑問的美膚知識

——重新認識化粧品

15 化粧品的害處

*冷霜有益肌膚嗎？

●「界面活性劑」的錯覺

化粧實在是件很麻煩的事。即使是基礎化粧也夠累人了。從臉部清潔開始，洗臉劑→按摩霜→清潔劑（擦除按摩霜之用）→化粧水（收斂、柔軟皮膚）→乳液→營養霜……等，最少也要七種。如果再加上去黑斑、去皺紋、去青春痘……等的外用藥物，恐怕要十種以上。

像這樣每日不辭辛勞的保養肌膚，是否眞能如己所願，擁有一張漂亮的肌膚呢？

根據一九八四年日本皮膚科學會的報告，「經常化粧的女性當中，每二．六人有一人發生皮膚上的毛病，其中7％留下難看的斑點」，發生的原因可能是「使用過量的界面活性劑」（存在於油性化粧品及中性洗面劑當中）。

除此之外，資料中還發現面皰的發生率，二次大戰後是戰前的一百倍。而且該學會也表示「市面上治療黑斑、面皰的化粧品、藥物雖然很多，但是大部分都無效。即使有效也是暫時性的，一段期間之後情況更糟……」

常常聽到某些婦女抱怨，自己已到中年卻還在長青春痘，或者才二十出頭的小姐爲小皺紋苦惱……。這些都是經常使用油性化粧品的結果。以下稍微分析一下它的成分。

●面霜的「潤滑效果」只是暫時性的

現在的化粧品的觸感，延展性都很好，但這並不意味著「品質」也很好。化粧品的原料除了水、油脂以外，還有界面活性劑、粉劑、殺菌防腐劑、酸化防止劑、色素、香料……等等，總計超過二千種以上。其中最可怕的是使用過量的「ABS等有毒的界面活性劑」及「殺菌防腐劑」。前者與水、油脂混合性質類似清洗劑；後者有殺死生菌的作用，如果含量過重則有強烈的毒性。

每天將這些原料塗在臉上會產生什麼後果呢？答案已經很明顯。以大家經常使用的「面霜」爲例，塗上面霜之後皮膚感覺很滑溜，其實那不是皮膚本身的性質，而是面霜所含的水及油脂的作用，潤滑效果只是暫時性的，日後對於肌膚有很壞的影響。因爲面霜中所含的「界面活性劑」的功能近似清潔劑，能夠破壞皮膚的保護膜，反而使皮膚的油脂愈來愈少。女性爲了愛美，不停地使用化粧品的結果，是使肌膚受到更嚴重的傷害。

現代女性受到「化粧品公害」的情況已經非常嚴重。想要脫離此「魔掌」的最佳辦法，當然是暫時停止化粧。但是不化粧對於職業婦女而言似乎不太可能，因此請儘可能減低使用量，並選擇品質較佳的化粧品及認識「正確的化粧法」。

16 化粧就是美嗎？

*重視精神美膚法

●情緒——血液——黑色素的關係

只依靠「正確的化粧法」，並不能立即達到美膚的目的，必須還要滿足「情緒穩定」的條件才行。以下就來談談情緒與人體（包括肌膚）的關係。

首先是「情緒與血液」的關係。皮膚的營養來源99％是靠血液的供給。當我們心情好的時候，血液運行通暢，營養供應充分，皮膚自然美麗。可是當我們情緒緊張、惡劣的時候，會導致血管突然收縮，血液流速減緩，皮膚養分供應不足，長期下來對肌膚的影響非常大。

其次是血液與肌膚的關係。生氣、焦慮致使血管收縮的時候，體內會分泌一種腎上腺素（荷爾蒙的一種）。腎上腺素會使血液呈酸性，而使黑色素著色，對於長黑斑、面皰、皮膚粗黑的女性特別不利（請注意：皮膚受到紫外線照射或身體疲倦，都會使血液呈現酸性）。

俗語說：「病由氣來」、「無恒心即無恒產」，在此我想把它改爲「無恒心即無美膚」。情緒對於肌膚的影響是無形無限的。

●情緒與藥物的配合

在醫學、化學萬能的風潮之下，「精神」方面的美容法並未受到重視。以「骨有機質」爲例，它是連結皮膚細胞的「接著劑」，「骨有機質」一旦不足，皮膚會出現小皺紋。現代的美膚法對於這種現象的處理，是由外在充分補給「骨有機質」。將人工的「骨有機質」摻在面霜、乳液裏面，以皮膚保養品方式販賣。

這種方法的確有某些程度的效果。但是用者在使用這種藥物時，精神上一定要輕鬆愉快，要認定此種藥物有效，如此方能提高藥效。千萬不可邊塗藥（或化粧品）內心邊想「一定沒效！」，心理上已經沒有信心，影響到生理，再良好的藥物也無法發揮功效。

17 皮膚老化

*年齡與皺紋的謊言

●皮膚的不正常老化

二次大戰之前，化粧品的種類不像現在那麼豐富，女性的肌膚都呈自然美。如今在化學品充斥之下，女性肌膚受到各種劣質化粧品的侵襲，已經開始產生各種毛病。

一般人認爲「年紀一大，產生皺紋、黑斑是理所當然的事」。對於暴露在外的臉、頸、手腳的肌膚而言，年齡與皺紋，黑斑似乎眞的呈正比增加。

肌膚眞的隨年紀的增長而老化嗎？

同年齡的皮膚，爲什麼終日被衣服遮蓋的胸部、腹部、大腿等部位的肌膚沒有明顯的老化現象？

其實，肌膚的老化並不如我們想像中的快。暴露在陽光下的部分肌膚，是屬於

「不正常的老化」，也就是「假性老化」。

●防止老化從內部做起

皮膚在時光的催促下會自然老化。但目前一般所見的老化（假性老化），不只是年齡的增長，基本問題在於「肌膚的角質肥厚」。

在化學萬能主義的充斥之下，對於肌膚的缺陷只講求外在的片面治療。皮膚乾燥、水分不夠就用化粧水，油脂不足就用冷霜，肌膚營養不足就用營養霜……。反正是皮膚缺什麼就補什麼，從不探究皮膚老化的原因。一味的塗塗抹抹只會老化的更快。

18 肌膚是日日新

*細胞分裂與人體

●人體永遠在「新生」

爲了讓讀者了解，皮膚不會隨著年齡快速老化的原理，接著要詳細說明人體的新陳代謝結構。

我們每天所吃的食物僅部分作爲製造新細胞之用。全身的細胞數量約有一百兆個！這麼龐大的細胞完全依靠食物的補充，得以不斷進行細胞的更新活動。

例如「肌肉」，大約以四個月爲一周期的速度，更替100％的新細胞（不是一次換新，而是每天持續的更換）。

「骨骼」也是一樣。過去的人一直深信骨頭是隨著人體而長大，其實骨骼中的鈣質一直在更新。

「內臟」、「血液」均不例外。以「內臟」來說，胃袋表皮的更新周期約一個星期一次，肝臟約四個星期一次。至於「血液」方面，以紅血球言，一秒鐘之間同時破壞、新生二百萬個，一天的新陳代謝量高達二千億個！紅血球的總量約有二十兆個，大約一百天就能完全更新（換血）一次。

由此可知，人體是日日新、時時新，永遠處在「新生」的狀態。

●肌膚也是日日新、時時變

現在想想我們的皮膚。皮膚也有周期性（理想的周期是二十八天）的更新。換言之，並不是年輕到老都是那層皮膚。只要角質代謝正常，不受角質肥厚的影響，我們的肌膚仍然可能如嬰兒皮膚般的光滑、細緻。將隱藏在衣服底下的胸、腹、大腿的皮膚與暴露在外頭的臉、頸、四肢的皮膚做一比較，就能夠了解了！

19 過去的美容法疑問重重

*重視「死細胞」是愚蠢的事

●油脂、汗水與角質片的關係

在第一章當中已經略微介紹過皮膚的結構。角質層位於皮膚的最表面，厚度爲$\frac{1}{400}$毫米，同一個位置大約有二十片重疊而成。

爲什麼疏鬆的角質片在我們抓、揑表皮的時候不會稀稀落落的掉下來？那是因爲當顆粒細胞逐漸角化成爲角質片的同時，皮脂腺也分泌出皮脂。皮脂是一種水狀的油脂，當它與汗水混合之後具有黏性，能夠黏住角質片。通常經過一段時間（正常爲七天）之後，黏度會降低，角質片自然脫落。

但是，皮膚在平常狀態之下，一直保持在36度～37度之間。於是，皮膚表面的水分不斷蒸發，油脂的黏度愈來愈濃，如果再加上陽光的曝晒，使水分蒸發的更多時，情況會怎樣？

會導致油脂的黏度過強，角質片不易脫落。於是角質代謝作用變緩，角質層肥厚，各種黑斑、面皰、皺紋出現的機會極大。

●乳液、面霜妨礙角質代謝

現在來談治療方法。以「皮膚粗糙」爲例，造成這種症狀的原因是油脂黏性過高，破壞了角質片的新陳代謝。過去美容界都認爲，皮膚粗糙是因爲皮膚的皮脂腺老化，使得皮脂量分泌不足之故。因此主張塗抹乳液、面霜等油性化粧品以補皮膚的不足。

這種美容法有許多値得商榷的地方。乳液、面霜的確有滋潤皮膚的效果，但那只是暫時性的，一段時間之後，反會使角質片緊緊的黏在皮膚上無法脫落，妨礙了角質代謝的正常運作。

由以上的例子可以理解，「外在」的美容法如果沒有配合皮膚的生理狀態，只會愈搞愈糟！

第二章　充滿疑問的美膚知識

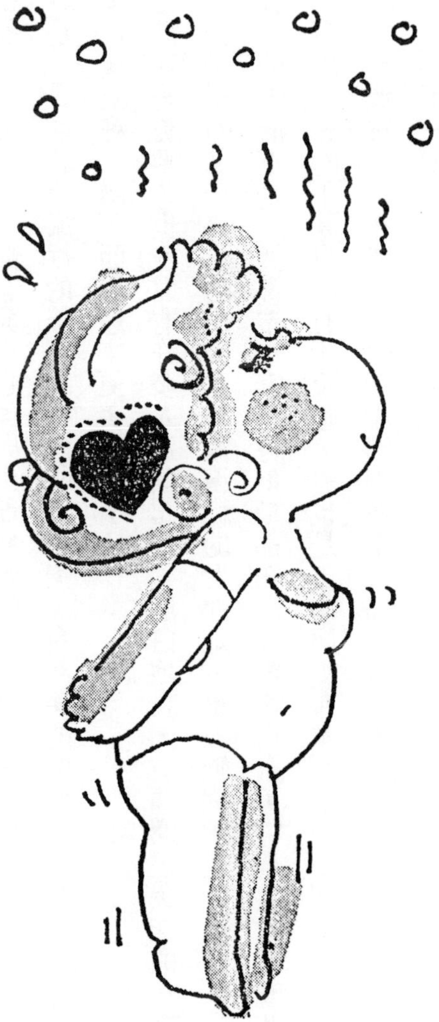

20 傷害肌膚的「濃粧」

*化粧的反效果

●皮膚不是畫布

在前面一再說過，惟有發自心理與生理健康的美，才是眞正的自然美。

可是，目前廣爲流行的美膚法卻忽視健康美，自然美的價値，只敎女性從外表不停地反覆上粧，讓表面看起來更美就是了！

化粧就是美嗎？也許眞有許多人這麼認爲。坦白地說，這種濃粧艷抹的化粧法，到最後受損的還是自己的皮膚。喜歡濃粧的女性是否也該覺醒了？

我們的皮膚不是一塊畫布。它時時刻刻都在進行新陳代謝，它是活的。既然是活的，對於外界的干涉自然有所反應，這也是皮膚與畫布本質上的不同點。

例如「濃粧」。在畫布上的胡亂濃彩並不會傷及畫布本身。可是我們的皮膚如果塗上一層又一層的化粧品，皮膚就無法呼吸了。

全部皮膚面的無形蒸發水分量，一日約為0.9公升。而以單位面積而論，臉部的水分蒸發量是其他覆蓋衣服部位的2倍。此外，微量的二氧化碳也經由皮膚排泄。這種排泄與溫度無關係，此點與汗水不同。厚厚的化粧品塗在臉上，使皮膚的呼吸無法順暢。

此外，濃粧還會抑制汗腺和皮脂腺的分泌。汗與油脂的排泄困難會導致皮脂腺萎縮，情況嚴重的話，油脂可能完全無法排出。而化粧品的油質也會黏住角質片，阻礙角質代謝，造成皮膚角質肥厚的原因。

總之，長期濃粧的結果只有使皮膚愈變愈糟，整個臉長滿黑斑、面皰而已。

21 「油性化粧品」所帶來的影響

*肌膚的反應

●油性化粧品能夠吸收2倍的紫外線

「油性化粧品」能使化粧者看起來更美，是最受現代女性喜愛的化粧品種類。「油性化粧品」的出現，改變了女性的美容法，它具有掩飾臉上瑕疵（小皺紋、黑斑、痣……）的功能，是女性化粧時不可或缺的瑰寶。我相信有許多女性了解「油性化粧品」的好處。

可是，油性化粧品也有不好的一面。它往往也是造成（或者助長）皮膚惡化的原因。

油性化粧品的第一個壞處，是容易吸收紫外線。塗上油性化粧品的肌膚比不塗的肌膚，多吸收2倍的紫外線（只有以無機顏料爲材料的粉底霜比較不會吸收紫外線）。

我們都知道肌膚碰到紫外線角質層會變厚。因此，如果肌膚再塗上容易吸收紫外線的油性化粧品，皮膚角質狀況將會更快速。

●皮脂腺功能減低、皮膚提早老化

油性化粧品的第二個壞處，是昇高皮膚的溫度。身體分泌的皮脂是天然無害的界面活性劑，與汗水結合後形成一層皮脂膜，具有保護皮膚的作用。當外界溫度上昇時，皮脂膜的水分蒸發，皮膚的溫度自然下降。

如果在夜間入睡以前，擦上夜間型面霜或營養霜，皮膚會有怎樣的反應？由於這些面霜中有40%的油分，塗抹在臉上之後具有保溫效果，反而提高了皮膚的溫度。

皮膚溫度一旦上昇，黑色素勢必大量生產。本來想爲乾燥、不良的肌膚擦點面霜，滋潤一番，結果是適得其反，不但招致黑斑、面皰，甚至可能罹患黑皮症。

油性化粧品對於皮脂腺也有很壞的影響。皮膚原是當表面壓力小則皮脂分泌快。在將油性化粧品一遍遍地塗抹在臉上時，外界壓力大於皮膚內層壓力，促使皮脂難以順利分泌。

當這種狀態反覆一段期間之後，皮脂腺功能減低，對肌膚產生非常不利的影響，那就是肌膚的老化。

●暫時性的效果

「油性化粧品」雖然使用便利，但是也不要忽視它的副作用。請記住一點——「油性化粧品」的暫時性效果的確很卓著，可是以長遠眼光來看，它的負面效果似乎遠超過正面效果！

22 「營養霜」的大謎

*營養能從外界攝取嗎？

●「營養霜」是什麼？

皮膚乾燥是因爲表皮油脂不足，對於這種症狀，一般的美容法是在表皮上塗抹面霜之類，由外界補給油脂分。

同樣地，皮膚粗黑是由於養分不足所引起，一般的治療方法也是以「營養霜」爲主要的外界補給品。

這種想法與作法都未必正確。因爲保養肌膚的最基本作法是從體內治療起，單方面的由外界胡亂塗抹只有徒增皮膚的負擔而已。

關於皮膚的新陳代謝及化粧品的危害，在前幾節已經略微敍述過，但是對於「營養霜」始終沒有提及，以下就引述某報社對於營養霜的「營養」所作的報導。

「徹底分析營養霜的成分，其實只是油脂與水分的結合而已。加入荷爾蒙、維生素的營養劑是藥品、不是化粧品。打著化粧品口號的『營養霜』當然不能（也沒有）添加任何其他營養素。所謂營養霜只是誇大名詞，想要與食用的營養品有所區別而已……」。這樣的報導是否讓您感到憤怒或寒心。

●皮膚是排泄器官，不是吸收器官

由上列報導我們知道，營養霜的營養成分只是水與油脂而已。

姑且不談水分，所謂的油脂也不能算是「營養」吧？因爲在前節的「油性化粧品」中，我已經說明過油脂不但無益皮膚，反而有害皮脂的分泌，使皮膚更粗糙。

「營養」的來源是由口攝取，不是由皮膚（外界）攝取，因爲「皮膚是排泄器官，不是吸收器官」。皮膚的功能是排出水分（汗）與油分（皮脂），同時阻止外界的水、油脂、養分等的侵入。如果沒有這些功能，我們一旦泡在浴缸或海水裏，可能一下子就膨脹得像個水球了。

正常的營養補給方法是由口攝取，如果不能由口，則由靜脈注射營養劑。經由皮膚攝取的情況非常少，只有中性洗面皂或荷爾蒙可以經由皮膚攝取。

市面上販賣的「營養霜」只是水和油脂的組合而已，即使廠商打著「含有××營養成分」的口號，也請謹慎選擇，別讓寶貴的肌膚受到不必要的傷害。

23 「天然乳液」的功效

*轉移性乳液的過程

●轉移性乳液具有保護肌膚的作用

皮膚油分（皮脂）是來自體內的分泌，而非依賴外物的補充。然而，我們人體自製的油分（皮脂）到底具有那些特性呢？

皮脂和汗水結合之後形成皮脂膜，能夠保護肌膚。皮脂膜中含有一種「轉移性乳液」，是「天然乳液」的要素。

「天然乳液」在正常情況下是呈現W/O。此處的W是指Water，O是指Oil，W/O表示水滴懸浮在油脂中。此種狀態的「天然乳液」能夠充分控制油脂，防止水分過度蒸發，使肌膚常保濕潤。

但是當人體運動時，頻頻的出汗，使得W量增加，敏感的「天然乳液」從W/O型轉移到O/W型，油脂粒子就變成浮游在水分中，等到汗水逐漸排出體外之後，

「天然乳液」再回到W/O型。我們的肌膚就是在日常的活動當中永無休止地工作！

●天然乳液是無法代替的神奇乳液

這種具有魔術般功能的「轉移性乳液」，只有皮膚內部才能生產（某廠商曾經生產功能相近的人工乳液，可惜容易腐敗，不具實用價值）。

製造上乘的「天然乳液」原料——皮脂的數量，每日需2公克，一個月需60公克，一點也不能少。

天然乳液非常珍貴，與其一天到晚按摩、塗抹油脂或尋找良質的人工乳液，反不如充分享受「天然乳液」所給予的恩惠。保護「天然乳液」的先決條件，是保持薄而正常的角質層，避免「角質肥厚」。例如外出的時候撐陽傘、戴太陽眼鏡、草帽……等避免紫外線的照射。白色能反射紫外線，上粧時應儘量使用白色粉底。

24 肌膚的良好營養狀態

*來自體內的美容法

●保持肌膚良好營養狀態的方法

一般所謂肌膚的良好營養必須具備二項條件：

①血液運送充分的養分到皮膚內部組織。

②皮膚表面經常含有20～25％的水分，使肌膚保持濕潤狀態。

達成這二項條件並不難，以下為您介紹保持肌膚良好營養狀態的方法：

☆食物……多吃黃綠色蔬菜、海藻類等鹼性食物，可保美膚。

☆睡眠與運動……每天的睡眠要充分，但也不可整日懶散，無所事事，必須做一些足以出汗的運動。

☆精神狀態……經常焦慮、精神緊張，血液會呈酸性，使黑色素着色，造成黑斑、面皰、皮膚粗黑等症狀。必須經常保持心情愉快，避免情緒激動或憤怒。

☆化粧法……儘可能少用油性化粧品及藥物。避免使用含有大量酒精成分、刺激性又強的收斂水、對於強鹼性的化粧水也應敬而遠之。最好是選擇接近中性、水分不易蒸發的化粧水。化粧水在2～3小時內逐漸蒸發，能夠保持肌膚的水分及低溫狀態，對於皮膚的血液循環非常有益。由於皮膚上有水氣，皮脂容易排出，不需使用面霜或乳液。

良好的肌膚營養需由日常生活中仔細維護與保養，請不要忽視生理與心理健康對於肌膚的重要性。

25 了解酸性化粧水

*皮膚的性質是什麼？

●酸性、鹼性都對皮膚有害

良質的水呈中性，PH值是7。而我們的皮膚是呈PH 6左右的弱酸性。因此，使用過於酸性或鹼性的化粧水對於肌膚都有害。

現在市面上販賣的「化粧水」都含大量的酒精。酒精能在極短的時間內（1～3分鐘）揮發，使皮膚感覺清爽。但是，酒精在揮發的同時也將表皮的汗水揮發掉。於是皮膚溫度下降、發汗量減少，皮膚表面水分不足，皮脂腺功能受阻，致使皮膚乾燥，產生「假性老化」。

酒精本身是呈中性，但是與化粧水混合之後呈酸性反應，現在市面上販賣的化粧水也大都呈酸性。而最近受到年輕女性歡迎的「鹼性化粧水」（PH值為8～8.5）對於肌膚的刺激過強，應避免經常使用。

●酸性與鹼性

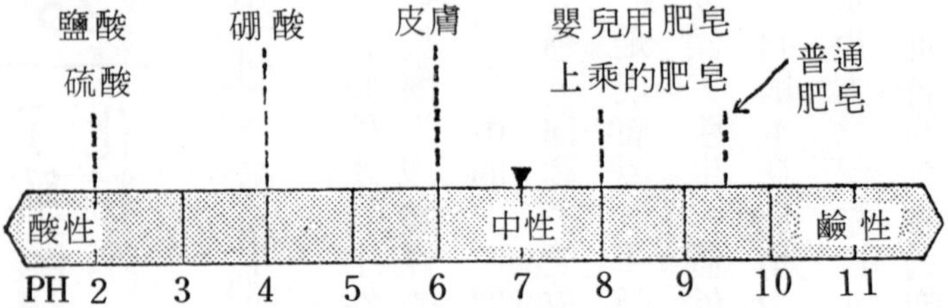

近日流行將果汁摻入化粧水當中稱爲「自然化粧水」。這些「自然化粧水」爲了防止果汁的腐敗，並加入大量的防腐劑，不但對肌膚無益，反而有害，請勿任意使用。

●了解酸鹼質中和能力的性質

我們的皮膚表面最早是呈PH 6的弱酸性，但是經過季節的變動，近年來女性的肌膚已呈PH 5.5左右。

高PH值（7.5～7.6）的皮膚表面細菌很容易滋生，青春痘、化膿等都是高鹼性皮膚易患的病症。不過，除非經常勞累，焦慮而使皮膚表面經常呈鹼性，否則皮膚本身有酸鹼質中和能力，能夠自動調節皮膚表皮的酸鹼質，防止細菌的繼續滋生。

使用酸性化粧水或檸檬汁能夠中和鹼性皮膚嗎？

其實不然。因爲皮膚本身有中和能力。例如以肥皂洗臉而使皮膚略呈鹼性，但是經過十五分鐘之後，皮膚馬上又恢復到微酸性。經常使用檸檬汁或酸性化粧水，只會減低「酸鹼質中和功能」的運作能力。

擔任「酸鹼質中和功能」的要素，包含汗水的乳酸、尿酸，皮脂的脂肪酸以及少許的二氧化碳。

經常使用酸性化粧水，皮膚表面的油脂、汗水將無法排泄。鹼性肌膚在回復到酸性肌膚的過程中，需要排出汗與油脂，此時若使用酸性化粧水，會造成皮膚的過度保護，結果糟塌甚至毀壞了皮膚應有的功能。

●PH值稍高的化粧水對肌膚較好

汗與油脂負責角質層的水分調節，而且汗對於調節體溫也負有很大的功能。如果皮膚的「酸鹼質中和功能」突然減弱，PH 6.5～7的化粧水能夠成爲汗與油脂的幫手。

刷臉、塗藥物不但會引起角質肥厚、也是造成黑斑、面皰、皮膚粗糙的原因。此外，使用冷霜、雪花膏按摩臉部會妨礙皮脂分泌，請不要輕易嚐試。

26 了解「中性清潔劑」

*危害肌膚的嚴重性

●外行人避免使用荷爾蒙

皮膚是排泄的器官，不是吸收的器官。只有「荷爾蒙」和「中性清潔劑」例外，皮膚能夠吸收以上兩者，也正因爲如此，「荷爾蒙」和「中性洗潔劑」對皮膚的危害很大。

外界補給的荷爾蒙會破壞體內的平衡。例如「女性荷爾蒙」——外界的女性荷爾蒙進入人體之後，體內的製造量自然減少，時間一久製造女性荷爾蒙的卵巢萎縮，逐漸失去女人味，肌膚也變得粗糙。

此外，含有「副腎荷爾蒙」的營養霜會影響副腎的機能，也是造成皮膚粗黑的原因。

「荷爾蒙」雖然很好用，可是小小的疏忽即可能鑄成大錯，極爲危險，不可濫用。

●恐怖的ABS

所謂ABS是指厨房、衣服用的「中性清潔劑」（合成清潔劑）。婦女在做各種清潔時，都會無意間的接觸到ABS，尤其是手部皮膚。ABS的危險性與荷爾蒙相同，因為兩者都能經由皮膚進入人體。

ABS對於人體到底有哪些具體的影響呢？以下是各研究機構的報告。

「在人體下肢塗上ABS（中和清潔劑），5小時後隨尿液排出。可見「中性清潔劑」能夠穿透皮膚，經過內臟進入細胞。」

「中性清潔劑進入肝臟細胞時，以千萬分之2公克的量即可阻礙線粒體的活性」。所謂線粒體，是細胞內非常細小的粒子，能夠製造身體運動時所需的「運動能量」——ATP。線粒體活性轉弱、ATP自然減少，身體容易疲勞產生病症。皮膚漸呈鹼性、化膿菌繁生、青春痘、面皰滿臉皆是。疲勞使血液傾向酸性，於是黑色素着色，皮膚變得粗黑。」

另外一個受到重視的報告是——「在天竺鼠的皮膚上塗抹中性清潔劑，十七天之後，觀察天竺鼠的精子細胞，發現大部分的鞭毛已被溶解，頭部也被切掉……可知中性清潔劑對生殖細胞的危害力有多強……。」該研究單位警告懷孕未滿一個月的孕婦，避免使用中性清潔劑。

漂浮在空氣中的中性清潔劑（ABS）也非常危險，它會刺激粘膜，造成皮膚傷害。大家在注意避免接觸ABS的同時，也要注意空氣中ABS的濃度。

27 洗髮精的主要成分也是中性清潔劑

*了解市面上的洗髮精

●洗髮精的類別

現在市面上所販賣的洗髮精，大都以中性清潔劑（合成清潔劑）爲主要成分。和厨房用清潔劑的成分大同小異。

當我們在使用厨房用清潔劑時大都會帶上橡皮手套，皮膚不會受到傷害。可是在使用洗髮精時，不但頭部、連雙手的肌膚都浸泡在洗髮精中，受害程度實不堪想像。

市面上所售的洗髮精分爲哪些系統？

☆ABS系統——脫脂力過強，對皮膚不好，至今仍不太流行，屬硬性洗髮精。

☆LAS系統——有害度與ABS大抵相同，屬軟性洗髮精。所謂「軟性」是指比較容易溶解於水，不易造成環境污染而言，並未減低它的毒性。

☆AOS、AES等高級酒精系統——也是易溶於水，對河川的污染度較低，但是使用時危害性與ABS相同。

●驚人的實驗結果

雖然政府機關至今對於ABS、AES等的使用，都沒有發佈禁令，但是根據日本神戶大學生物協會的動物研究報告，證實ABS或AES可能造成出生兒缺頭或缺四肢的現象。

此外，引用某報的報導——「將10隻體重180～200公克的兔子各塗上2cc.的洗髮精（高級酒精系統），3天之後所有的兔子皮膚脫落、出血，4天後一隻雄兔無法站立，最後痙攣而死。5～8天後另外2隻兔子相繼死亡。」該報對於高級酒精清潔劑的安全性感到憂心，認為不應在市面發售。

中性清潔劑除具有高脫脂力外，洗髮時殘液流到臉頰、下顎等處，也是造成青春痘等的原因。

第三章　無形的殺手

——引起肌膚障害的原因

28 年齡與肌膚障害成正比？①

*探索皮脂的分泌量

●中高年齡者仍有充分的「皮脂」量

女性一過24、25歲，皮膚即有逐漸乾燥的傾向，小皺紋也慢慢產生。乾燥的皮膚意味著皮脂膜機能不佳，一到溫熱的夏季，皮膚溫度昇高，黑斑、面皰自然產生。而且，這種傾向是隨著年齡的增長而擴大。

這種現象可以說是「年齡與肌膚障害成正比」。

有人說「年紀一過24、25歲皮脂分泌減弱，皮膚會乾燥，需由外部塗抹油性面霜補充皮膚的不足」。這種說法有些疑問，皮脂分泌量真的隨著年齡的增長而減少嗎？

根據解剖學的報告，「皮脂腺到六十歲以前仍未老化」。

另一方面，根據年齡層別的皮脂分泌量報告，4～7歲是1.76％，8～10歲是1.52

%、11～14歲突然增至4.05%、15～25歲繼續增加爲4.21%。可知25歲的皮脂分泌仍很旺盛。

令人驚訝的是25歲以後的分泌量並沒有減少，26～35歲大幅增加到5.37%，而且這種豐富的皮脂量一直持續到更年期，60歲以後才稍微減少。

其實這項報告並沒有驚人之處。因爲中高年齡層的女性通常只在臉部塗抹油性化粧品，對於臉部以外的皮膚都沒有「照顧」，因爲她們覺得身上的皮膚沒有什麼皺紋，沒有必要接受化粧品的「補給」。事實上，身體肌膚沒有產生皺紋是因爲皮脂分泌狀況良好，只是本人沒有發覺而已。

●年齡層的皮脂分泌變動

（測定根據爲頭髮脂肪量）

年　齡	例數	脂肪量(%)
4～7	16	1.76
8～10	14	1.52
11～14	17	4.05
15～25	13	4.21
26～35	19	5.37

●為什麼只有「臉部」例外呢？

照理說，全身肌膚的皮脂分泌量應當

很平均，爲什麼只有臉部及四肢的皮膚有粗糙、長斑、長皺紋的現象呢？

那是因爲肌膚受到陽光（紫外線）照射後，產生的自衛措施——角質層的增厚。

角質層增厚、皮脂出口的毛穴變窄，即使皮脂腺有製造皮脂的能力，也無法順暢地排出皮膚表面；於是皮脂分泌逐漸減少，皮膚變得乾而粗糙。

有些女性提出意見說：「只要我不去海邊遊玩，也不外出晒太陽，角質層應該不會增厚吧！」

其實不然。因爲我們從小就浸浴在陽光的紫外線當中，再加上每天必須上街購物或上班，豈有不晒到太陽的道理？這種日積月累的情況與短時間海水浴的曝晒情況不同。長期而持續性的照射紫外線仍使角質層在無形中增厚，並且緊貼膚壁不易脫落。

「年過24、25歲皮脂分泌減弱，肌膚容易乾燥，必須使用油性面霜補給皮膚養分」的論點絕對錯誤。皮膚障害並不與年齡成正比，而與角質肥厚的程度成正比。

因此，避免皮膚障害的先決條件是避免皮膚的角質肥厚。

29

年齡與肌膚障害成正比？②

＊探求腮腺激素的生產量

●年齡漸增腮腺激素漸減

前面已經提過，造成皮膚「角質肥厚」的原因是由於長期的紫外線照射。不過，嚴格說來除紫外線外，「荷爾蒙」也與肌膚障害有極深的關係。

皮膚在進行角質代謝之前必須先將基底細胞分裂爲二，而促進細胞分裂的動力來自「腮腺激素」，即「唾液腺荷爾蒙」。

「腮腺激素」的旺盛期，從嬰兒期到二十歲左右。二十四歲左右，人體的發育停止，「腮腺激素」也隨之衰退（因個人體質不同偶有例外）。

若以「嬰兒期～二十歲」的產量爲100，生產量漸減的數值如下所示。（比率爲%）

●二十四歲左右……減少20％（↓80％）

●三十～三十二歲……再減10％（↓70％）
●四十一～四十二歲……再減10％（↓60％）
●五十歲時……與右側數值相同（↓60％）
●六十歲時……再減20％（↓40％）

腮腺激素產量減少，促進細胞分裂的動力減低，角質代謝作用自然變緩。角質代謝不活潑、角質片脫落的速度以及生產新細胞的速度當然減緩。於是，黑色素無法與細胞順利排出體外，如同一條緩緩而流的小河，深藏在皮膚表面1—10毫米的地方。

這就是產生黑斑、雀斑的原因。從腮腺激素對皮膚的影響來看，年齡的確與皮膚障害成正比。這也可以說是肌膚的一種老化現象吧！

●鼓勵中高年齡的女性多多講話

根據緒方知三郎醫師的見解，腮腺激素減少生產量所引起的肌膚障害只是一種「假性老化」，因爲腮腺激素是可以隨心所欲而增加。這種說法我完全贊成。

請回想一下「腮腺激素」的另一個稱呼，它又叫「唾液腺荷爾蒙」。顧名思義只要唾液豐富，唾液腺荷爾蒙（即「腮腺激素」）的分泌自然增加。

想要大量提高唾液分泌量的方法是「多說話」。唾液一多、「唾液腺荷爾蒙」的分泌量增加，角質代謝自然活潑，肌膚即能恢復健康。

您是否注意到政治家、演說家、廣播員、歌星等的肌膚看起來比常人健康，這就是「說話」促進唾液腺荷爾蒙分泌的效果。因此，您若想保有青春美麗的肌膚，請儘量多「說話」。

除此之外，活動舌頭、咬一些需要花時間的食物（如海帶等）、輕揉耳下、顎下方……等，都是增加唾液的秘訣。

30 「小麥色的肌膚」是健康的肌膚嗎？

*恐怖的紫外線

●為什麼海水浴會使肌膚變黑？

普通肉眼可以看到的光線稱爲「可視光線」，光線通過「光譜」之後，分爲七色，波長從紅～紫逐漸縮短。

波長最短的是紫色光。紫色光當中有一種肉眼看不到的皮膚大敵——紫外線。紫外線是波長極短的電磁波。它又分爲「外紫外線」、「內紫外線」、「多魯爾線」三種。

☆外紫外線……波長最短，降落地面之前幾乎已全被大氣層所吸收。

☆多魯爾線……波長280～320毫微米（1毫微米＝百萬分之一毫米）。多魯爾線能夠製造「黑色素」，皮膚吸收紫外線引起紅斑現象，就是因爲皮膚吸收過多的多魯爾線之故。因此，海水浴的時候千萬不要讓皮膚晒得通紅。

●紫外線的作用

紫外線				可視光線
外紫外線	多魯爾線	內紫外線	紫色	〰〰〰→
200毫微米	280毫微米	320毫微米	395毫微米	
不是劇藥	成長發育	有益健康		
殺菌作用	紅斑作用↓黑色素的新生（皮膚發紅，三日後黑色素形成。）	色素沈着作用↓黑色素的着色（只需一小時海水浴皮膚就變黑。）		

不過，「多魯爾線」有促進身體發育、成長的功能，在十八歲前的成長期應積極吸收。雖然「黑色素」也會相對增加，但是成長期的角質代謝很旺盛，可立即排出體外，不必擔心。

☆內紫外線……波長稍長，爲320～395毫微米，能令黑色素（本來無色）着色。在海邊晒太陽，只需一個小時皮膚就會逐漸變黑的原因，就是內紫外線的作祟。

●紫外線吸收過度會造成死亡……!?

人體需要適量的紫外線。如果皮膚完全沒有吸收紫外線，體內維生素D生產停頓，阻礙鈣質定著，可能罹患佝僂病之類，非常危險。

但是，吸收過量也很危險。皮膚攝取過多的紫外線，會導致維生素D轉成有毒物質，引起日射病、義大利癩病、皮膚炎、下痢、神經障害等疾病。

前幾年報紙曾報導，一位苦惱自己皮膚過白的女性，爲了渴望擁有健康的膚色而到海邊晒了一整天的陽光。第二天到公司上班時感覺不舒服，過幾天就突然過逝了。這是典型的日射病症狀。

31

肌膚的「水分不足」是如何引起的？

＊追查肌膚不良的原因

●汗水的排泄並不如想像中那麼容易

在第一章的「汗腺」說明當中，已經詳細介紹汗的二大功能，即「調節體溫」、「排出廢物」。

這二種功能正常運作，才能使身體保持健康。而除此之外，汗對於「肌膚」而言，也佔有非常重要的地位。汗水擔任補給水分給角質層的功能。

角質層的含水量（汗水）經常保持在角質重量的20～25％是最爲理想。嬰兒的肌膚就是接近這個標準。

但是必須注意的一點是，汗的供應量大抵一定，前面所提的「含水量保持在角質層的20～25％最爲理想」，是指角質層厚度保持在$\frac{1}{20}$毫米的理想狀態而言。

同時，我們必須了解汗水量比我們想像中要少得多。皮膚出汗的時候，全身240

萬個汗腺總動員，但是經過74公里的微血管運送過程，到達外界的每日汗水量，平均夏季是3公升，冬季是0.6公升，排汗量極少。

而且排汗量無法隨意增加，它是有一個極限。從另一角度來看，我們也可以說肌膚的水分不足，是因爲汗水無法充分補給所致。

●為什麼角質肥厚會造成水分不足？

除了特殊情況之外，汗水的供應量保持一定。然而，如果皮膚中的含水量爲角質重量的20～25％時，情況爲何？

由於成人皮膚都有角質肥厚的現象，20～25％的理想含水量不敷滋潤皮膚，也就是說皮膚水分有不足的現象。

例如角質層厚度爲1/10毫米的人——由於角質厚度爲理想狀態的2倍，再加上汗水供給量不變，含水量的比例自然降低一半（10～12.5％），顯然肌膚水分不足。

所謂肌膚水分不足就是「粗糙肌膚」。

對付「粗糙皮膚」的臨床治療法，是以供應充足水分爲主要方法。不過，最根本的治療法仍以迅速剔除死亡的角質片，使角質層恢復理想的1/20毫米的狀態。亦即恢復正常的角質代謝。

避免角質肥厚的方法有許多，例如減少在戶外停留的時間，即使在室內也需離窗邊2公尺。外出化粧時，使用沒有油性的白色化粧品系列……等。總之，儘可能減少紫外線的吸收量，並且避免對肌膚施加太多壓力。

32 水蒸氣狀態的汗

*糾正有關汗的錯誤觀念

●液態的汗沒有多少效能

我們日常所謂的汗都是指「液態」的汗水而言。因此，可能有許多人認爲自己一天不可能排放3公升的汗水（1公升等於一千c.c.，3公升等於6大杯500c.c.瓶裝）。

這種想法的確是人之常情。因爲除非做激烈的運動，不可能一次排放2～3公升的液態汗水。

事實上人體一天眞的排放3公升的汗水，然而爲什麼自己沒有感覺呢？那是因爲汗以「水蒸氣」的型態排出體外，這是最正確的分泌方式。汗以水蒸氣的型態排出體外的同時，也將乳酸、尿酸等廢物帶出體外，使體溫常保36.8度。因此，眞正能夠維持身體健康的是「蒸氣狀態的汗」，而非「液態的汗」。

其實汗的最大功能是「調節體溫」。例如吃飯的時候，體溫可能昇到四十度左右，這樣的高溫非常危險（持續6天會造成死亡），此時有賴汗水的大量排出以調節體溫。

而且因爲液態的汗容易使皮膚滑溜，不易降低體溫。相對地，蒸氣狀的汗在散出皮膚表面時，容積約爲液態的三百倍，有萬全的蒸發吸熱作用，能夠非常有效地調整體溫。

肌膚的受益也是相同。汗變成蒸氣狀之後漂浮、圍繞在皮膚表面，能夠與皮脂迅速結合成W/O型的「天然乳液」，充分滋潤肌膚。

除了汗腺以外，水分還能夠直接由皮膚蒸發，稱爲「不感蒸泄」，蒸發量約每日0.9公升。

不感蒸泄的水分經過途徑有二條。一條是微血管的血清水分滲透到汗的排泄管後，變成水蒸氣排出皮膚表面。另一條是在角質代謝的過程中，顆粒細胞變成角質片時，細胞滲出水分變成水蒸氣排出皮膚表面。

這些水蒸氣都具有滋潤皮膚的功能。

●角質肥厚的皮膚使汗呈現液態

正常的汗是以蒸氣狀態排出體外，然而在何種情況下，汗會呈現「液態」呢？除了酷夏使人流汗之外，最常見的例子要數從事激烈運動了。此時，一度氣化的汗粒子互相碰撞凝結成水（汗），之後流出皮膚表面。這種激烈流汗稱爲「暫時性發汗」，發汗後短時間內不再流汗。

問題是流汗對於肌膚有何影響？我想許多愛打乒乓球或網球的女運動員都很少注意到這個問題。

運動後休息片刻，體溫稍微回復正常之後，汗即可恢復蒸氣的排放狀態。可是，水蒸氣在與新生皮脂混合形成皮脂膜之前，皮膚暫呈乾燥狀態。這種乾燥狀態對肌膚極爲不利，換言之，激烈運動對肌膚有不良的影響。

液態汗的另一個影響是「角質肥厚」。汗腺的出口處有許多角質的網腺，這些網腺呈蜘蛛網狀，目的在防止外界汚物的侵入。當皮膚的角質層增厚時，網腺會隨之增粗，於是汗腺出口變窄，蒸氣狀的汗凝結成水滴狀，「天然乳液」呈O／W型，此時皮脂膜無法形成而導致流失，對肌膚健康極爲不利。

33 用手掌洗澡最爲理想

*「洗」與「刷」的差別

●為什麼只有臉部是用手清洗呢？

清洗皮膚的方法，不論是臉部、腳部還是胸部，均以手掌擦洗最爲適當。其理由有二：

第一是實際上的效果——大部分的女性都用手掌洗臉，至於身體其他部位則用毛巾、刷子清洗。總覺得「不用力刷洗，皮膚上的污垢除不掉！」這種想法實在很妙。因爲最容易受到空氣中塵埃污染的部位，不是身體而是臉部。用手就能把臉洗得很乾淨，爲什麼污穢較少的身體卻要用毛巾、刷子拼命搓洗？這種行爲完全沒有根據，純粹是心理問題，好像不這樣刷全身無法舒暢。

第二個理由是對皮膚生理有不良的影響。

角質層厚度只有1/20毫米。所謂「污垢」是指死掉的角質片。每日剔除的角質片厚度約為$\frac{1}{1000}$～$\frac{2}{1000}$毫米，非常地薄。因此，只要用手平穩地撫擦，污垢就能完全脫落。過去的女性使用「米糠袋」（柔軟的小布袋裝上米糠）擦臉最是聰明。現代的人不了解這道理，各種刷子、毛巾充斥市面，徒讓消費者不自知下又花錢又傷皮膚。

皮膚根本無法忍受強力的磨擦。由於皮膚具有「原狀穩定」機能，角質層刷得愈薄，新的角質層長得愈厚。每天不停刷洗的結果是「角質層增厚」。

因此，經常用力擦洗身體的人角質層一定比較厚。此外，洗完澡用毛巾用力擦拭身體也會助長角質肥厚，必須特別注意。

●用力擦洗的結果是招致「皮膚粗糙」「黑斑」……

污垢是指死的角質片。用洗面刷，粗毛巾洗臉，只會使皮膚的角質層更厚。於是，汗腺、皮脂的出口變窄，水分、油脂的供給不足，皮膚變得粗糙，黑斑、青春痘等逐漸猖狂。

這些症狀都是中高年齡層女性經常發生的現象，再加上「皮膚愈刷愈乾淨」的錯誤觀念，使得皮膚愈來愈糟。不過，請勿擔心，只要從今天起每日用雙手洗臉與洗澡，仍有挽回「尊顏」的機會。

34 減少$\frac{3}{1000}$毫米就有美麗的肌膚

＊保養肌膚需要多久？

●最初的七天變薄，接下來的四天又變厚

臉部皮膚的標準角質層厚度是$\frac{1}{20}$毫米。

根據某研究所對二千名女性，做角質層的厚度測定顯示，持續進行角質層變薄處理的女性，比完全沒有處理的女性，角質層薄了約$\frac{5}{1000}$毫米。雖然數字的差距極小，肌膚卻有明顯的差異。

必須說明的是，在處理角質層變薄的過程中，無論如何細心的處理，剛開始的七天角質層逐漸變薄，薄到某一個程度之後，到第8天起角質層又變厚。再經過4天角質層又變薄，以11天爲一個循環期反覆進行。如此經過3～5年角質層厚度可以減少$\frac{3}{1000}$～$\frac{5}{1000}$毫米。這是比較正確的美膚法。如果您不理解眞正的美容法，而胡亂使用藥物剔除角質層，只會使角質層更厚，招致更多的皮膚病。

35 皮膚粗糙也會造成少年禿、少年白？

*解除髮絲的煩惱

自古以來白髮、禿髮是年老的象徵，也是生理上的正常變化。可是近來罹患白髮、禿頭的年齡有逐步降低的現象。尤其是女性的白髮、男性的禿頭一直是現代人的煩惱。

●再度認識洗髮精與肥皂

造成髮禿、髮白的原因有許多。空氣污染的影響、紫外線的傷害、男性、女性荷爾蒙及甲狀腺荷爾蒙的機能障害、心情緊張……等等，這些因素複合之後，不但會造成禿頭、白髮，也是頭皮屑、頭皮癢、掉髮的原因。

在前面曾經說明AES合成洗髮精以及強鹼性肥皂，對於頭髮的影響。在我們生活周圍有太多不良的清潔劑，這些清潔劑最大的傷害是助長皮膚的角質肥厚。

經常使用脫脂力很強的AES合成洗髮精，或者高鹼性洗髮精，不但過度洗去

●頭部的荷爾蒙分泌圖

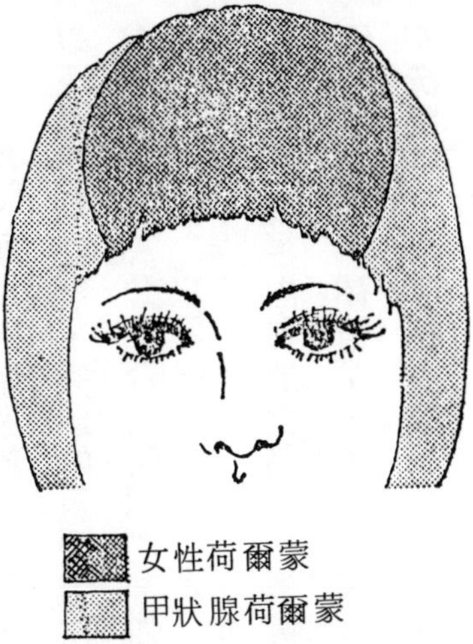

頭皮的油脂，還會有刺激頭皮，使角質層增厚的危險。

例如年輕女性經常煩惱的「頭皮屑」，可分爲乾性頭皮屑與油性頭皮屑兩種，不管那一種，都是頭皮的角質層增厚的危險信號。

☆乾性頭皮屑……頭皮的角質層一旦增厚，細胞與皮脂腺分泌的油脂「黏性」不足，角質片很容易脫落。這種情況稱爲「粃糠性落屑」，也就是頭皮屑乾如米糠狀。形成這種現象的原因，是過度使用油性髮油、油性潤濕精或含大量酒精的美髮水，使得皮脂腺萎縮、頭皮角質肥厚、水分與油脂分不足，情況與粗糙皮膚相同。

☆油性頭皮屑……頭皮的角質層一旦變厚，皮脂腺出口變窄，分泌的油脂自然變濃。濃稠的油脂黏住角質片就是「油性頭皮屑」。這種性質的頭皮油性肌膚相同。此時如果使用髮油，會使即將脫落的角質片黏得更緊，而助長頭皮的角質肥厚。

●防止頭皮屑、白髮、禿頭的方法

頭皮屑形成之後，頭皮會有下列變化：

①頭皮的角質層增厚，角質代謝速度緩慢，輸送養分的血液循環不順暢。

②頭皮組織的活動衰弱，汗、脂分泌不正常。

如果放任不治療會有怎樣的結果？

不久之後，頭皮開始發紅、發癢，若再不處理可能造成「少年禿」。

以下是防治白髮、禿頭的重要方法，請謹記在心：

①停止使用AES合成清潔劑、強鹼性的洗髮精或者油性潤絲精，改用PH8左右的洗髮精系列。

②多攝取高蛋白質的食品，如蛋黃、牛肉、雞骨湯等。

③多吃海帶、裙帶菜、羊栖菜等含碘食物，保持甲狀腺機能的正常。

④洗臉時，用手指撫摸咽喉的甲狀腺，可使甲狀腺荷爾蒙分泌正常。

⑤治療造成頭皮角質肥厚的原因。

⑥早晚各擦一次不易揮發的保養髮水（不含油脂、低酒精含量），防止毛髮乾燥及髮端開叉等。

第四章　人人可行的美容保養法

——讓您的肌膚更美

36 如何對付紫外線

*注意外出時的化粧法

肌膚的傷害大都來自紫外線。然而在我們的生活當中，要如何才能減少紫外線的照射呢？

●帽子與陽傘的效果不大

首先必須注意外出時的準備。

紫外線的傷害以直接照射皮膚最爲嚴重。因此，外出時應儘量避開紫外線最易直射皮膚的下午3～4時，以及紫外線量最多的上午11時～下午3時的時間。也就是說外出的時間，最好在上午11時以前或者下午4時以後。

話雖如此，可是往往有許多事情，非在日正當中的下午1～2時出門不可。此時最受女性歡迎的遮陽用具是陽傘及寬邊帽子。然而這些遮陽用具，眞能有效地阻隔紫外線的照射嗎？

老實說，並無多大效果。因爲紫外線中，最大波長也只有380毫微米，是波長非常短的光線。它能夠強烈地亂反射，不是陽傘、遮陽帽之類所能夠阻止的（陽傘、帽子所能遮斷的光線，是紅外線等長波光線）。

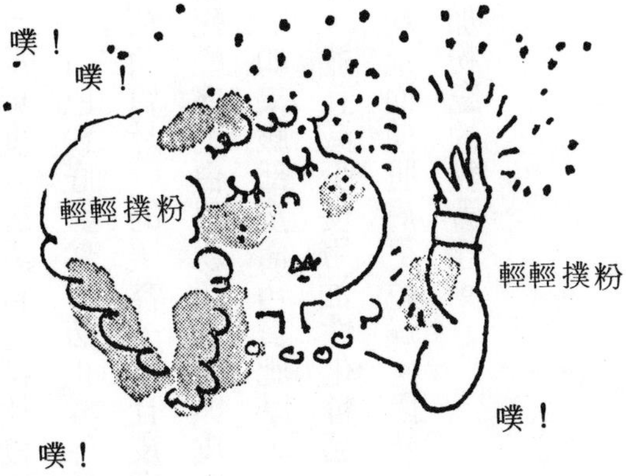

在遮陽用具中以太陽眼鏡較爲有效。即使是淺色的太陽眼鏡，仍能夠反射20%的紫外線，而其中茶褐色系統的反射率又比青藍系統的高很多。我們眼睛下方經常塗有腮紅、眼影等，最容易長黑斑，預防的最佳辦法就是戴太陽眼鏡。臉部的化粧也以不含油性的白色粉底爲主，如此大抵能夠防止（反射）100%的紫外線。詳細的化粧法將於後文說明之。

●避免使用小麥色系列的化粧

遮蔽紫外線的基本化粧法是「不使用油性化粧

品」。一般的冷霜、面霜類，紫外線吸收量高達1.5～2倍。而白色的粉餅不論在色彩（反射度）或素材上都比較優秀。

白色粉底雖然有防止紫外線的功效，卻不能適用於任何肌膚。如果經常做「去除舊角質片」的美容，而且皮膚本身分泌的油脂及水分能夠充分滋潤肌膚的話，只要輕輕撲上白色粉底就能與皮脂混合，成爲最好的粉底霜。

如果臉部皮膚角質肥厚，而且油脂、水分分泌不足，首先一定要剔除舊的角質片，並且減少使用油性化粧品。不過，對已經省慣使用油性化粧品的人而言，直接撲粉反而使肌膚更乾燥。因此，在撲上白色粉底之前，可以先塗一點油性粉底霜，增加粉底的黏著性。

37 全身美容比臉部美容更爲重要

＊應用人體神奇的功能

●遵從「臉也是身體一部分」的美容鐵則

當我們提到「肌膚的美容保養」，立刻就會想到是「臉部」的美容保養。臉部的確是最受人注目的部位，再加上完全暴露在外界，非常容易受到紫外線的侵襲及灰塵的汚染，所以臉部成爲心理上第一個想要保養的部位，也是理所當然之事。

可是，「臉」僅是身體皮膚的一部分，皮膚的細胞構造與其它部位完全相同。它沒有獨立的機能，與身體有著密不可分的關係。

因此，全身的美容比臉部的局部美容更有效果。因爲隨著全身肌膚的活性化，不但能夠迅速消除臉上肌膚的疾病，還能增加透明度，使肌膚比以前更美。

這項理論可由細胞生物學上得到應證。

動物分爲單細胞動物（例如變形蟲）和多細胞動物（例如人類）。多細胞動物的細胞具有非常有趣的特性——即從多細胞動物身上採擷「極爲少量」的細胞，將它放在玻璃器皿中培養，發現細胞分裂情況並不活潑。相反地，如果採擷的「數量愈多」則細胞分裂的活動比例愈高。這種特性在生物學上稱爲「比例效果」，這種效果使細胞在受到外界環境些微改變時，仍然具有抵抗力及活性。

如果我們拿臉部（少量）與身體（多量）做一番比較，全身皮膚的活性化比臉部皮膚的活性化更具有效果。

●體膚健康帶動臉部美麗

從身體內部各器官的功能、運行，可以證明「臉部」的局部美容根本毫無意義。

以供給臉部皮膚營養的「血液」而言，心跳平穩時，從心臟繞全身一周大約需要1分鐘，運動時只需25秒。血液的運行不只是爲臉部的肌膚，主要是爲全身輸送養分與氧氣。

再例如「肝臟」，它在供給肝醣給全身的同時，也傳達副腎皮質分泌刺激荷爾蒙的命令。

除此之外，大腦控制人體整個的活動，胃腸專司消化……等等，人體的每一部位都不停地工作著，各司其職，互通關係。沒有一個器官是專爲「臉」而活動的。

因此，想要擁有美麗的肌膚一定要使血液、神經、荷爾蒙、消化酵素、內臟器官等功能順暢而協調，才能使角質代謝快速進行，達到美膚的高效果。

這就是我一直強調的——美容需從體內做起，全身美容比臉部美容更重要。

總之，美膚的原理是「要使臉部與身體的角質代謝同時順暢進行」。

38 控制流汗的方式

*出汗有助於角質代謝

●全身平均分泌

想要擁有美麗的肌膚，必須從全身美容做起，而全身美容又與汗的分泌有密切的關係。

我們的身體共有240萬個汗腺。一般而言，出汗量依出汗部位不同而異，出汗部位也依人而異。

久野寧博士所著的「汗的話」一書中，將出汗部位大致區分爲四大類型——。也就是說，幾乎所有的人都屬於以下四類型中的一型。

①全身型——全身平均出汗，只有鼠蹊部及大腿上半部的內側、前側的出汗量較少。

②上肢稀汗型——上半肢排汗較少。

③下肢稀汗型——與②相反，下半肢排汗較少。

④四肢稀汗型——手腳不太出汗。

根據久野博士的說法，一般出汗量較少的部位有兩種情況。一種是皮膚與骨頭緊密相連使皮膚受到壓迫，引起血液循環不良的部位，例如「頭皮」。另外一種是受到外界的封閉，使汗水無法順暢蒸發的部位，例如「大腿內側」。

他的結論是「身體有容易出汗與不易出汗的部位之分」。又說：「最早的流汗方式不僅限於局部，而是某個地方出汗，全身有等量的出汗」。這意味著全身皮膚的角質層，如果有良好的角質代謝，及出汗方式即可防止角質肥厚。

●全身良好的出汗型態是美膚的基礎

理論上既然認為「全身平均出汗」，為什麼實際上還有「容易流汗」與「不易流汗」的部位之別？

問題主要還是在「角質層」上！

汗腺出口的地方為了防止污垢進入，自然形成一張角質腺網。當皮膚的角質層逐漸肥厚時，每一根網腺也隨之加粗，於是出口變窄，蒸氣狀的汗凝結成水滴狀。角質層愈肥厚，汗腺的排汗量愈低。

換句話說，角質層肥厚導致出汗機能停頓，出汗量自然減少。從「汗」的觀點來看，全身的角質層變薄及均衡的蒸氣式出汗，是肌膚健康、美容的基礎。

39

對肌膚或身體而言「水」都是第一生命

*水分的重要性

●所有的生物都來自於海洋中

三億五千萬年前的地球——人類還沒有誕生，地表覆蓋著紅色沙漠、大海及數條河流。陸上只有苔蘚類的植物與昆蟲、蜘蛛類動物生存，大部分的生物都頂著甲殼，以防止體內水分的蒸發。

當然海中也有螃蟹、蝦子等。直到三億年前，魚類才大幅誕生。魚類的脊椎在進化學上有很大的貢獻。根據法人R・多倫庫博士的實驗證明，在攝氏38度的溫水內，普通細胞受到Virus病菌的感染之後，會轉變成軟骨細胞。這是生物進化的一大發現。

然而，生物從海中進化到陸地，才是眞正革命性的壯舉，因爲「水」是生物生命的根源。首先是兩棲類的青蛙打頭陣，其次是爬蟲類大舉登陸，緊接著恐龍上場。不過，除了一小部分的爬蟲類，陸上的生物在六千萬年前幾乎死亡殆盡。原因是冰河時期來襲，生物體內的血液無法適應新的情況。

取而代之的是定溫（溫血）的哺乳類動物。爬蟲類的血液100c.c.只能運送9c.c.的氧氣，而哺乳類能夠搬運25c.c.的氧氣。豐富的氧氣是哺乳類的「生命之火」，也是製造能源、保持體溫的必備要素（同時促使「原狀穩定」高度發達，是人類進化的根本要因）。

人類的生命根源也是「水」。胎兒在母體內被羊水所包圍的情況，就如同生長在海洋中。長大之後，人體的70％是水分，而血液中也必須含有定量的鹽分。這些都證明人體是來自水中，因此也需靠水生存。不但是體內的組織或細胞需要水，對皮膚而言，「水」更是第一生命。

因此，我們在美容肌膚、處理過多的角質層時，一定要確保皮膚的水分充足。

40 爲什麼會產生黑斑、雀斑？

＊追查它的過程

●黑色素的着色過程

黑斑、雀斑是女性肌膚大敵。一般而言，治療皮膚疾病需從內部做起，因此有必要了解黑斑、雀斑發生的過程。其過程如下：

①陽光的照射……陽光──也就是紫外線，是造成黑斑、雀斑的最大原因。而紫外線中的「內紫外線」與「多魯爾線」，對於肌膚又各有不同的影響。

(a)內紫外線──受到內紫外線照射之後，血液中的鈣離子減少，血液呈酸性化，使肉體感覺疲勞。並且產生酸化酵素，使表面細胞內貯存的黑色素着色。產生酸化酵素，使表面細胞內貯存的黑色素着色。

(b)多魯爾線──受到陽光照射，首先皮膚會變紅，那是因爲皮膚吸收多魯爾線時，爲了自我保衞防止疲勞而產生的反應。至於皮膚由紅變黑則是內紫外線的作

●黑斑之旅

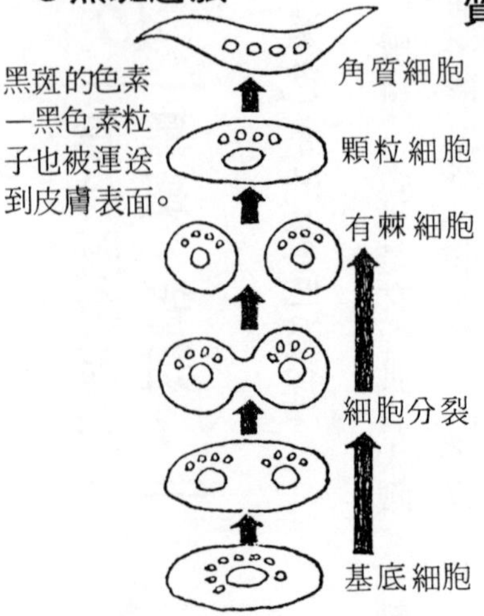

●黑斑（黑色素）與角質片同時脫離皮膚

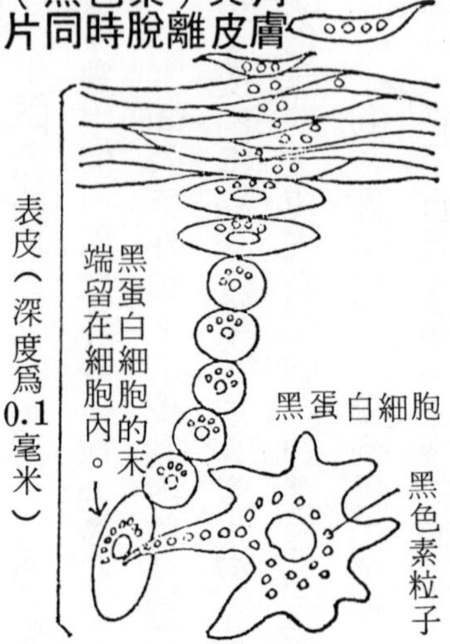

用。

②檸檬素的移動……血管中有一種「檸檬素」的蛋白質，當皮膚吸收多魯爾線時，「檸檬素」會移到表皮底下$\frac{1}{10}$毫米的基底層，並且被包圍在黑蛋白細胞的內部。黑蛋白細胞比普通細胞稍大，呈海星型。

③黑色素的誕生……黑蛋白細胞中的檸檬素開始進行酸化，變成七種物質之後，最後產生黑色素。

④黑色素的移動……形成的黑色素，面向黑蛋白細胞的海星形叉板排成一列，黑蛋白的末稍插入基底細胞，使黑色素移向基底細胞。此時(a)的內紫外線使血液呈

酸性，如果這種現象能夠迅速回復，則皮膚很快地由黑變白。若血液酸性化的狀態（肉體疲勞狀態）長達3、4天，則黑色素就會酸化着色，變成「黑斑」了。

⑤浮上皮膚表面……基底細胞的功能是製造新細胞，可以說是「細胞之母」。基底細胞的細胞核分裂爲二之後，變成有棘細胞↓顆粒細胞↓角質細胞↓角質片之後，浮出皮膚表面。而黑色素就附著在細胞核上，最後進入角質片內，與角質片一起浮出皮膚表面。如果角質代謝正常運行，黑色素會隨角質片脫落。否則皮膚上自然產生黑斑、雀斑。

●黑斑根本不應該長在皮膚上

黑色素原是無色的，即使如前面言的第③階段，黑色素進入細胞中也未必會酸化着色。

黑色素會酸化着色是因爲身體不夠健康，使血液傾向酸性之故。當紫外線直射皮膚使血液呈酸性，產生酸化酵素促使黑色素着色。黑色素由黃變褐、變黑，反應程度愈高着色比例愈濃，黑斑就這樣產生的。

黑色素量較多的人容易長「黑斑」。其生產量因人而異，先天黑蛋白細胞（製造黑色素的細胞）較爲活潑的人，黑色素的生產量特別多，長「黑斑」的機率也就大了。

可是也不必太擔心。因爲從皮膚學來看，「黑斑」根本不應該長在皮膚上。從角質代謝的過程中我們知道，黑色素應該與角質片混在一起，形成汚垢之後逐漸脫離皮膚表面。

只要皮膚的角質代謝順暢，黑色素的生產速度會逐漸趕不上脫落速度，反覆一段期間之後，黑斑逐漸變淡，最後終於消失。

相反地，黑色素的脫落數量少而新生的黑色素又不斷往上擠，黑斑當然是愈來愈嚴重。即使脫落量與新生量相等，如果黑色素已經着色，黑斑也將難以消失。

黑斑的生長與消失，和角質代謝的順暢與否有極密切的關係。且因黑斑、雀斑的形成原因來自於體內（血液酸性化），從皮膚表層塗抹漂白劑等藥物，是不可能奏效。

41 年歲一到眞的就會長黑斑嗎？

*原因與治療方法

●腮腺激素的減少使角質代謝的速度減緩

未滿二十歲的少女大都不會爲黑斑、雀斑而苦惱。爲什麼呢？第一是「年輕」，也就是身體不容易疲勞。第二是肌膚的角質代謝活潑而順暢。

然而這種柔細的美麗肌膚到了22、23歲之後開始出現黑斑，並且隨著年齡的增長，而更加嚴重。這是由於腮腺激素的減少，使角質代謝的速度也相對減緩。

含有黑色素的基底細胞不斷進行分裂，並且將新生細胞送出皮膚表面（＝角質代謝）。整個過程就像一部升降梯，角質代謝正常的話，升降梯的輸送速度保持適當，附著在細胞核上的黑色素進入角質片，然後被順利地運送到皮膚表面，與角質片一起脫落，不會留下黑斑。相反地，如果升降梯的速度在正常以下，黑色素的「乘客」殘留在表皮底部（基底細胞）或表皮細胞內，再加上血液呈現酸性化使黑色素着色，逐漸累積即成爲黑斑。

問題是爲什麼年紀一大，角質代謝的速度就會減緩呢？基底細胞進行分裂的時候必須借助腮腺激素（一種唾液腺荷爾蒙），因爲腮腺激素的功能是支配細胞的生產速度，如果腮腺激素大量分泌，製造新細胞的速度也會加快。從十幾歲到二十歲左右，都屬於腮腺激素的旺盛期。

一過二十歲，腮腺激素的分泌量減至80％，三十歲時減到70％，四十歲以後減到60％，到了六十歲只有40％……，腮腺激素的分泌量是隨年齡的增加而減少。腮腺激素的分泌量減少，製造新細胞的能力就減低，不但使角質代謝的速度減緩，連一些平常的小傷也很難痊癒。

由於腮腺激素是隨年齡的增長而減少。它的減少使角質代謝的速度變慢，黑斑自然乘機而起了。

●腮腺激素具有機動性的局部聚合力

當我們上了年紀，長了黑斑就該認命，絕望了嗎？不，絕對不能絕望。因爲腮腺激素具有一種極爲重要的特性，它能夠機動性地局部聚集、活動。例如，身體某部位受傷，腮腺激素會立即聚集、製造新細胞，拼命修復傷口（蜥蜴尾巴的再生、蠑螈四肢的再生，甚至蠑螈的眼睛晶狀體、虹彩的再生都是腮腺激素的作用）。

我們可以將腮腺激素的特性運用在剔除皮膚表面的舊角質片上。只要遵從角質代謝的原則，在七日內剔除皮膚表面（已經長黑斑）的角質片，就能使腮腺激素大量聚集、工作。角質代謝正常，再加上新細胞不斷將沈澱着色的黑色素運出皮膚表面之外，一段期間之後黑斑自然消失。

腮腺激素的分泌量是愈多愈好。而增加腮腺激素的方法已於第3章敘述過，此處不再重述。

42 什麼時候黑斑的顏色會變濃?

*黑色素與血液的關係

●使黑色素着色的因素不只是紫外線

什麼時候黑斑的顏色會變濃?

考慮因素包括日照時間的長短,油性化粧品的使用造成紫外線的大量吸收以及身體疾病引起的疾勞等。這些因素不但增加黑色素的分泌也使血液酸性化,提高黑色素的着色率。

而造成血液酸性化的因素除了紫外線外,還有其它因素。

☆疲勞……清晨起床的時候,身體的疲勞盡除,血液呈鹼性狀態,臉上的黑斑不明顯。到了傍晚,血液略呈酸性,臉上的黑斑就會變得明顯。初秋是黑斑逐漸明顯的開始,因爲夏季的疲勞一到秋季就逐漸顯現出來。

☆疾病……身體一旦生病就會呈現慢性的疲勞狀態，使血液傾向酸性。例如常聽說「肝不好容易長黑斑」。其實肝臟不分泌黑色素，而是肝功能不佳引起身體疲勞，致使血液呈酸性而使黑色素着色。

☆不安定的精神狀態……這種情況也會使血液呈酸性。因此，焦慮、緊張都是女性肌膚的大敵。

☆生理期前後……某些女性在生理期前後黑斑特別明顯。這是因爲生理期的接近使得女性荷爾蒙大量分泌，於是血液中的磷酸增加，鈣離子減少，血液呈酸性。當生理期結束，血液恢復平衡之後就會消失。因此，這種黑斑稱爲「暫時性黑斑」。

43 如何使黑斑消失

*預防及美容法

●預防血液傾向酸性、減少黑色素的產生

無論是去除黑斑，還是預防黑斑，基本的條件都是——除掉舊的角質片，使新生細胞生生不息，恢復角質代謝的正常速度。只要角質代謝的周期正常，黑斑一定能夠治癒。

除了保持正常的角質代謝之外，在日常生活中留意以下諸點即可免受黑斑之苦。

第一是不讓黑色素着色，也就是避免血液傾向酸性。方法如下：

①儘可能減低肉體、精神方面的疲勞。

②儘量少吃使血液呈現酸性的食物（參照第53節）。

③去除黑斑不可操之過急，而過度刺激肌膚。

以上以第③點最爲重要。因爲許多人急著去除黑斑而使用毛巾、面刷用力刷臉，其實這樣做只會過度刺激肌膚，使肌膚疲勞而呈酸性血液，黑色素更易着色，這就是所謂的「過猶不及」。想要恢復角質代謝的正常速度，一定要有耐性與信心。

第二是減少黑色素的絕對量。只要黑色素數量減少，產生黑斑的比例必然降低。減少黑色素的方法有二：

①降低皮膚熱度——黑蛋白細胞在製造黑色素時，必須具備鐵離子、銅離子及熱，這三者均不可缺。其中最易消滅的是「熱」，只要降低皮膚的溫度，黑斑自然減少。

降低皮膚溫度的方法很簡單。每晚在臉上塗上蒸發性慢、不易揮發的化粧水即可。原理是利用蒸發時的吸熱作用（氣化熱），使肌膚保持長時間的冰涼狀態。此外，在日常生活中必須處處留意遠離熱源。例如寒冬時的暖氣不可過強，不要太靠近火爐、火堆，厨房的熱氣必須儘快疏散等。

②避免經常使用油性化粧品或油性面霜類——經常（或過量）使用油性化粧品會影響角質代謝的速度，使皮膚溫度昇高，黑色素累積、沉澱，導致黑斑生成。

此外，市面上所稱的蜂蜜塗臉美容法，或海水浴之後將鹽度頗高的海水清洗乾淨等，都會提高皮膚的溫度及紫外線的吸收。

●黑斑消失後一年內遠離紫外線

黑斑治癒之後必須注意哪些事項呢？

絕不可放著不管。仍要繼續作美容保養、注意角質代謝是否順暢等。至少在一年之內減低陽光的曝晒率，若能持續2～3年則更好。海濱游泳、郊遊、露營等都是禁忌。想要永遠擺脫黑斑就必須忍耐！

許多人因為一時疏忽而發生黑斑再發的現象。一旦再發，會比以前更多更黑，必須特別注意。

44 什麼是雀斑？

＊惱人的雀斑

●斷絕雀斑的原料來源

美國派的說法認為，雀斑與黑斑在性質上以及各方面都完全相同。日本派的說法則認為，雀斑與黑斑略有不同。先不管二者的說詞，重要的是如何消除雀斑？

雀斑與黑斑都有黑色素粒。而黑色素是一種酵素，組成結構是種胺基酸。這種胺基酸並非永遠不變，它視生存的部位、器官而產生周期性的自然分解、新舊交替。例如肌肉細胞內的胺基酸周期是四個月，肝臟的細胞內是四週……等。至於皮膚細胞內的胺基酸周期是四個月。

由於產生雀斑的黑色素也是胺基酸，因此照理說在四個月之後即可自然消失。但是若不關心整個雀斑的消長過程，任由黑色素累積在眞皮上，雀斑就不會消失了。

消除雀斑最大的關鍵，仍是在「角質代謝的正常化」。只要角質代謝正常，含有黑色素的基底細胞能夠順利地浮出皮膚表面，黑色素沒有落在眞皮上，雀斑的黑色素原料補充不足，一段期間之後雀斑自然消失。

雀斑的消失周期理論上是四個月。可是，並非人人如此。對黑色素生產快速的人而言，可能需要半年或一年，甚至二年的時間才能徹底消除雀斑。

總之，只要角質代謝恢復正常，在一～二年內雀斑總會逐漸變淡而消失。

45 引起青春痘的原因

*已過青春期仍有青春痘

●探索青春痘的成因

思春期的青春痘是「青春的象徵」。但是，最近許多已過青春期的女性仍是滿臉青春痘。有人尚得意洋洋地自認爲「這是年輕的象徵」，事實上已過青春期的青春痘是皮膚病態的表徵。

青春痘幾乎完全長在臉上。仔細觀察還會發現是長在汗毛的根部，即汗穴的地方。

毛根部位有一條分泌油脂的皮脂腺。當油脂因某些原因而變濃之後，停留在油脂通道內，形成白色的油脂柱頭，它就是「青春痘的母胎」。

以下將詳細說明青春痘的形成過程（皮膚組織結構請參照第⑩節圖表）。

①紫外線吸收過度，導致皮膚角質肥厚，是造成非青春期（年過二十歲以上）

青春痘的第一個原因。

②角質層包在毛根的U字型槽（毛囊壁）內。當皮膚表面的角質層增厚時，毛囊壁當然也連帶加厚。

③另一方面，來自於皮脂腺的油脂必須藉著壓力才能浮出皮膚表面。亦即，皮脂腺的壓力必須大於皮膚表面的壓力，油脂才能順利地被送到皮膚表面。再加上這種淡如水狀的油脂具有很強的擴散功能（一分鐘擴散直徑4公分的面積），能夠適度調整、滋潤肌膚。

④隨著角質肥厚，毛囊壁也加厚，油脂的通道變窄，過去同樣的壓力已無法將油脂送出體外。這種原理就跟化粧瓶一樣。寬口的化粧瓶稍微傾倒，乳液立即流出。相反地，窄口的化粧瓶即使在底部用力拍打，乳液也無法通過窄小的瓶頸。油脂爲了通過狹窄的通道必須濃縮，再加上壓力之後才能浮出皮膚表面。可是，過濃的油脂擠出表皮之後，因爲喪失擴散能力而停留在皮脂腺的出口。時間一久，油脂變硬而塞住皮脂腺的出口。

⑤皮脂腺的出口塞住之後，新生的油脂出不去，於是更加濃縮，停留在毛囊壁

內，呈長柱狀。這就是我們擠壓青春痘時出現的白色油脂柱狀物。⑥這種白色油脂柱頭是化膿菌（連鎖狀球菌、葡萄狀球菌等）最喜歡的繁殖處。如果有便秘、疲勞等現象，皮膚表面傾向鹼性（血液呈酸性），更加刺激化膿菌的活性化，於是白色油脂柱頭完全變成「青春痘」。

46 青春痘的流言

*錯誤的常識

●青春痘化膿後變成「濕疹」

經常有人尋問「青春痘」與「膿疱」的區別在哪裏？通常我們所謂的膿疱——即「爛柱子」，就是醫學上所謂的「濕疹」。濕疹，簡單的定義是指「體內狀況不良造成皮膚化膿狀態」。因此，青春痘也屬於化膿的「濕疹」。「青春痘」與「膿疱」可說是一對難兄難弟。

●男性荷爾蒙不是造成青春痘的原因

街坊之間經常流言「男性荷爾蒙過多的話，容易長青春痘」。從生理學講，男性荷爾蒙的確能夠促進油脂分泌，因此很容易讓人直接聯想「油脂↓青春痘」的過程。反過來想，青春痘多就是因爲油脂多，而油脂多也就是因爲男性荷爾蒙過多的緣故。

這種論調在學理上也許有些道理，但與實情不相符，如果男性荷爾蒙眞能影響青春痘，那世界上所有的男性，豈不是一輩子要爲青春痘所苦嗎？或許眞有人一生都被青春痘所苦，但並不是因男性荷爾蒙過多。請讀者一定要摒除過去錯誤的常識。

●「便秘」與青春痘沒有直接的關係

在有關青春痘的流言之中，女性比較注意的是青春痘與「便秘」之間的說法。例如「經常便秘的女性容易長青春痘」、「胃腸不良容易引起青春痘」等。

這些說法都不是形成青春痘的直接原因。

因爲「便秘」的起因並不是胃腸障礙，而是情緒不平穩等心理因素，導致自律神經及消化機能不正常而引起的。許多三十歲以後的婦女都有神經緊張、便秘的現象。

值得懷疑的是——「難道年過三十又有便秘的女性也有青春痘的煩惱嗎？」答案當然是「沒有！」不論是中年的女性或男性都沒有這種傾向。因此「便秘」與青春痘根本沒有直接的關係。

青春痘產生的原因是個人情緒緊張、神經衰弱導致便秘、胃腸障礙等病症，腎上腺素、消化液的功能低落，血液傾向酸性、油脂、汗液分泌不活潑，皮膚的酸鹼中和能力下降，皮膚表面漸呈鹼性化，經常存在於表皮的30萬個化膿菌開始活動，青春痘與膿疱於是接踵形成。

47 消除青春痘的方法

*美容法與日常注意事項

●從青春痘的母胎——白色油脂柱頭下手

紫外線造成角質肥厚，毛囊壁也連帶增厚，於是皮脂腺出口變窄，油脂濃縮形成白色油脂柱頭。

因此，不論是否處於青春期，青春痘都是因皮膚角質層肥厚所造成的。

在前面曾提過，角質的成分是胺基酸。由於皮膚的胺基酸是有四個月更新一次的特性，只要善用美容保養，使皮膚表面的角質層變薄，缺乏新的胺基酸的補足，四個月之後，多餘的角質（胺基酸）自然分解、消失，毛囊壁恢復正常的厚度，油脂也回到原來的濃度，充分擴散，滋潤皮膚。

快則四個月，慢則六、七個月就能完全擺脫青春痘的煩惱，使肌膚恢復正常狀態。

●檢討一下助長青春痘的旁因

有些女性雖然進行「角質層修薄美容」，仍然無法治癒青春痘。這類型的人請考慮一下其它原因，以下所舉的事項可能就是助長青春痘的旁因！

▲使用含有強刺激性乳化劑的化粧品。

▲經常使用含有ABS、LAS以及高級酒精的洗髮精。

▲日常生活中曝晒紫外線的時間過長。

▲使用粗糙的毛巾、刷子洗臉，過度刺激皮膚。

▲濫用漂白乳液、去斑膏以及其他藥用面霜。

▲黃綠色蔬菜、海藻類等鹼性食品攝取不夠。

如果您發現有其中某項缺失，請趕快補救、改正，相信您的青春痘會很快地消失！

48 找出「肌膚粗糙」的原因

＊預防及治療

●供給水分並不能挽救粗糙肌膚

在空氣乾冷的冬季裏，皮膚最易乾燥，臉部的上粧也變得困難。造成這樣的原因是——肌膚水分不足。通常，肌膚必須含有角質重量20～25％的水分，一旦不能滿足這個條件，即水分在20％以下，皮膚就會呈現粗糙。

也許會有人認爲——只要供給充分的水分，皮膚就可以恢復正常。實則不然，因爲水分的蒸發很快，水分蒸發後表皮顯得更緊繃，反而對肌膚有害。

那麼，油脂的蒸發性弱，將水與油脂混合後塗在皮膚上不就成了！

事實上，這樣也沒有效果。因爲水和油脂都是外界的物質，對於肌膚沒有益處。

正常的肌膚能夠分泌汗與油脂。當二者混合之後會形成一種「天然的乳液」，藉以滋潤、保護肌膚。

「乾燥肌膚」就是缺乏「天然乳液」的滋潤。市面上販賣的人造乳液、冷霜均標示能防止皮膚乾燥，可是坦白的說，其效果令人懷疑。

●喚回「天然乳液」

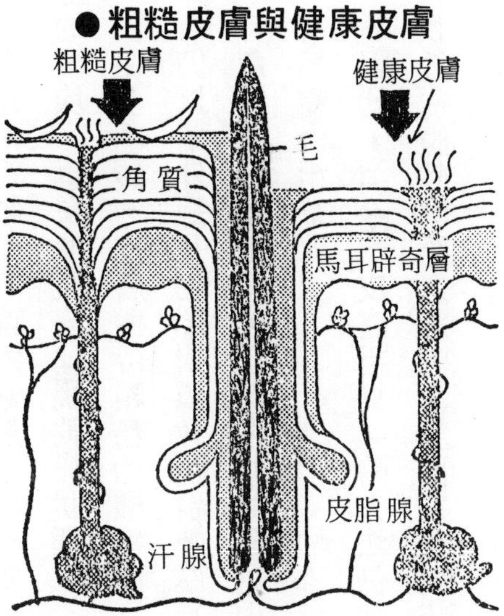

在尋求治療方法之前一定要先了解「皮膚粗糙」的原因所在。

臉部肌膚粗糙、不易上粧的人，請注意身體其他部位——特別是胸前、腹部等處，您會發現那些部位很平滑，不像臉部肌膚那麼粗糙。

臉部（以及手、腳）肌膚爲什麼會特別粗糙呢？主要還是角質層增厚，導致肌膚水分不足才陷入乾燥狀態。

引起角質肥厚的首因當然是紫外線。而乾燥的空氣（特別是冬季）黏附在皮膚上的塵埃，也會使肌膚呈現乾燥狀態。

在冬季裏，皮膚變得粗糙的機率頗高，那是大自然的變換，不可避免。除此之外，仍以紫外線長期照射導致角質肥厚爲主因。

角質層一旦肥厚，汗與油脂的分泌力減弱，肌膚缺乏良好的「天然乳液」滋潤，當然變得粗糙。

因此，消除「皮膚粗糙」的方法仍然以減少角質肥厚，增加「天然乳液」爲主。致於從體外供應人造乳液、面霜等，皮膚並不接受，無多大效果。

49 改善「油性肌膚」

*預防與治療

●親油性的化粧水效果較佳

與「乾燥肌膚」一樣，「油性肌膚」也困擾許多女性。

所謂「油性肌膚」，是指皮膚表面有油油黏黏的感覺。形成原因與青春痘相同，都是角質肥厚引起毛囊壁肥厚，使得皮脂通道變窄，雖然油脂濃縮勉強通過，但擴散力減弱而黏膩在皮膚表面（請參考第㊺節）。

爲什麼皮膚會有油油黏黏的感覺呢？油性肌膚的排油量與正常肌膚大約相同，只是油性肌膚所分泌的油脂較濃，且一直滯留沒有擴散。

所以，治療也以擴散濃油爲目標。使用親油性（能與油脂充分相溶）的化粧水是最簡單的方法。它能夠稀釋油脂濃度，充分消除皮膚表層的油膩感。

除使用親油性化粧水之外，一併進行角質層修薄的美容處理。快則四個月，慢則一～二年就能夠向「油性肌膚」說再見了！

●注意日常的飲食

不論男女，多吃脂肪類食物對肌膚都有影響。例如食用「奶油」之後，在極短的時間內即可轉換成油脂，浮出皮膚表面，使油性皮膚更加惡化。除了脂肪類必須少吃之外，攝取過量的澱粉也會在體內轉換成脂肪，然後以油脂的形態排出皮膚表面。

飲食對於「油性肌膚」的影響很大，每日的菜單必須經過計劃與考慮，如此才能減少對肌膚的傷害。

50 皺紋是年老的象徵？

＊肌膚與水分的關係

●有關小皺紋的道聽塗說

二十五歲以上女性的新煩惱是「皺紋」。

有關皺紋的流言有許多，但沒有一項是有根據的。例如，「年紀稍長，若又消瘦、皺紋當然多起來……」、「年紀一大，身高會縮短，皮膚變得鬆弛而有皺紋……」、或者「笑得過多，容易長皺紋……」等等。

這些說法都欠缺正確的認識。如果說「身體消瘦」、「身高縮短」會長皺紋，那麼中年發福的人根本不會有魚尾紋、嘴角紋……等的出現。

至於所謂的「笑得過多，容易長皺紋」的說法更是令人懷疑。果眞如此，電視台的播報員、服務業從業人員等需要整日掛著笑容的人，豈不早就滿臉皺巴巴了呢？

支持這些說法的人，對於皮膚欠缺基本的認識。在前面我已經一再說明，人的皮膚從出生到死亡都在改變。皮膚的細胞大抵28日換新一次，最遲也是32～35日。因此，年老消瘦而導致皮膚鬆弛、皺紋產生的論調是不正確的。

●產生皺紋的原因何在？

爲什麼會產生皺紋呢？仍是角質肥厚引起皮膚水分不足之故。

所謂的「出水芙蓉」，就是指剛沐浴完畢，「美女出浴」的景象，由於皮膚受到水分滋潤，而使肌膚看起來特別晶瑩剔透。日本名畫家伊東深水認爲，「繪畫之前模特兒應該先行沐浴，並且調高畫室內的濕度，才能使模特兒的肌膚保持濕潤感」。傳說有一位阿拉伯的皇后，出嫁之後三十年內未曾外出，原因是害怕外界乾燥的空氣傷害她的肌膚。雨後的女性最美，戈壁沙漠的女性則終年爲皺紋所苦……這些都是不爭的事實。

因此，修薄角質層，使皮膚保持良好的含水量才是預防、消除皺紋的最佳辦法。

使用合成樹脂面膏剝下角質層，或用特殊膠布撐開皮膚，希望藉此消除皺紋等方法都屬不當。因爲過度剝除角質片，只會使角質層更厚、皺紋更深。

在消除肥厚的角質層時，一定要有耐性及細心，根據我的研究，45～55歲的女性治療魚尾紋只需2年，鼻下兩側八字形的皺紋約需3年，至於眉間、額頭的大皺紋目前仍很難治療。總之，只要謹守修薄角質層的原則，就有成功的希望。

51 隨著季節改變皮膚的保養法

*春夏秋冬的氣候與肌膚

● 必須特別注意哪幾點?

皮膚必須經常保養，但是在保養的同時也必須注意配合四季氣候的變換。

春

春天的陽光溫暖而晴朗，給人悠閒的感覺。可是您一定不會想到，透過初春澄清空氣的紫外線卻特別的強。再加上皮膚經過整個冬季的厚衣保護，抵抗力特別弱，很容易受到紫外線的影響，於是黑色素暗中開始活躍。尤其在二、三月時必須特別注意，許多人受到溫暖陽光的誘惑，外出郊遊或健行，孰知一個月之後滿臉黑斑、面皰。

此外，春季特有的冷風也很容易刮去肌膚上的水分，這是造成皮膚乾燥、青春痘、不易上粧……等的原因。

因此，在春天除了儘量避開紫外線及寒風之外，請別忘了隨時照顧您的肌膚。

經常洗臉，去除臉上不必要的角質片，睡前塗抹不易揮發的化粧水（或者滋養霜）等……。

夏　灼熱的太陽普照大地，是最容易增厚角質層的季節。外出時避免使用油性化粧品、腮紅等倍增吸收紫外線的化粧法。使用不含油性的白色粉底，較能反射紫外線，也別忘了太陽眼鏡。

天氣雖然暑熱，但不可將化粧水放入冰箱中。冰涼的化粧水擦拭起來雖然舒服，但使皮膚忽冷忽熱，反促進黑色素的生長。

其次愼用含有高酒精成分的酸性化粧水。酒精的揮發性高，能使肌膚有舒暢感，但卻也將肌膚上的汗水一起蒸發掉，而使皮膚陷入水分不足的狀態。

夏日是海濱戲水的最佳季節。也是紫外線高照的時刻。女性在進行海水浴的時候別忘了塗抹「防晒油＋白色粉底」。不過，「防晒油」也是一種油性化粧品（安息香酸類的藥品），一般防止紫外線的效果只有三十分鐘。一過了三十分鐘不僅與其它油性化粧品一樣，且更吸收2倍以上的紫外線，非常危險。

日晒後3～5天必須讓肌膚保持冰涼狀態，目的在防止黑色素生產活躍。

秋　經過夏日長期的曝晒，到了秋天，皮膚、頭髮等毛病都顯現出來了。肌膚為了避免吸收過量的紫外線，拼命製造黑色素。一到秋天，這些黑色素都變成黑斑或雀斑了。為了防止肌膚變黑、粗糙，最重要的仍是「保持正常的角質代謝」。

以下二點是必須謹守的大前提：

①同時減緩角質代謝的速度及細胞新生的速度，並且避免使用油性化粧品，以利黑色素的大量排放。

②不必特意塗抹營養霜或將角質片剝下。

夏季日照時間很長，許多人一到秋天即有「脫髮」的現象。通常一日的脫髮量在60～100根以內都屬正常，如果到了秋天脫髮量有大幅增加傾向，請特別留意並細心保養。極力減少陽光照射的時間，使用低鹼性的上等洗髮精，選用揮發性慢、能夠保持水氣的保養乳液。如果能夠減少10～20根（一日的掉髮量），就能預防禿頭、白髮、頭髮稀薄等現象，進而恢復烏黑的頭髮。

多

冬天最令人煩惱的是肌膚因水分不足而變得粗糙不堪。冬天氣溫大幅降低，皮膚表面的溫度也隨之降低，汗水的分泌量只剩夏季的1/5，皮脂的分泌量也減少許多，再加上寒風吹襲，肌膚當然變得乾燥無比。

如果在寒冬中突然出現連續數日的多陽，皮膚的問題將更加嚴重。因爲皮膚在適應溫暖的氣溫之後，必須經過2、3日才能分泌出油脂和汗水。在這2、3天的空檔裏，皮膚受到陽光照射，卻又水分不足，只會變得更加粗糙。

防治的方法是在這2、3日內每天塗抹2、3次的化粧水（不易揮發之類），並且在打粉底之前擦上少量的乳液以補充油分，但不可過量。

此外，早晚各塗一次揮發性弱、不易乾燥的化粧水，同時別忘了繼續做角質層的修薄處理。

52 什麼是美膚食物

*大量攝取鈣離子

●「精神」與「血液」有密切的關係

當我提出飲食與「精神美容」有極密切關係時，很多人都感到驚訝。以寺廟的伙食爲例，和尚們所吃的食物大都能夠使血液保持鹼性狀態，再加上打坐，具有平穩呼吸及安定精神的作用。

食物對於美容有極大的影響，正確的飲食能夠使血液鹼性化，減低疲勞、防止黑色素着色以及促進角質代謝順利進行等優點。

以下就「精神與血液的關係」詳細說明之。

①精神緊張時，血液（血清）中的鈣離子（鹼性）會移向神經。

②於是，酸鹼值的比例呈相反，血液（血清）中的磷酸（酸性）值比率加大。

也就是說血液呈酸性（100 c.c.的血清中如果有4mg的鈣離子，則人體的精神充沛。維持3mg算是正常值。降到2.5mg人體感到疲勞，2mg則必需住院，1mg則立即休克死亡）。

③爲了中和酸鹼值，鎂離子從細胞中移向血液，代替鈣離子的功能（激怒之後全身感到無力、倦怠就是因爲細胞中的鎂離子不足，使細胞暫時無力化的緣故）。

④右側③的情況持續十五分鐘之後即可復原——即鈣離子從神經回到血液中——回復原來的狀態。

血液酸性化經過十五分鐘之後雖然可以復原，可是這一連串的過程，對於「肌膚」有很不好的影響。鎂離子可以說是「細胞內液的王者」，鎂離子暫時移向血清中，造成皮膚細胞的疲勞。老年期疾病權威——路奇卡博士說：「細胞是一種膠液，老化之後細胞中的鹼、鎂減少而凝固，於是細胞活動的能量急速減弱，最後形成老年期疾病。」肌膚的老化也屬於一種老年期疾病。想要防止肌膚老化的話，必須儘量避免讓鎂離子移向血清中。

●黃綠色蔬菜、海藻類有美膚效果

「精神美容」的目的是保持精神安定，避免發生前面①～④的情形。可是實際上「精神」——即情緒，是很難控制的事。從食物上攝取大量的鈣離子，防止血液酸性化也是一種方式。

原則上以積極食用黃綠色蔬菜（綠色蔬菜第一，黃色蔬菜其次）爲最佳。除一般葉菜類之外，胡蘿蔔、紅蘿蔔的葉子以及南瓜也算在內。

此外，羊栖菜、洋菜等海藻類含有豐富的鈣離子，積極食用效果不錯。維生素K是製造鈣離子的要素，由於大都含在黃綠色蔬菜及海藻類（特別是深綠色部分）中，不必特別進食即可獲得。

53 不利於肌膚的食物有哪些？

*避免食用高酸性度食品

●美食是肌膚的大敵

上一節介紹許多美容食品，這一節則將介紹有害肌膚的食品。在進入主題之前，稍微補充前節不足之處。

①黃綠色蔬菜中的代表性蔬菜——菠菜，含有大量的蓚酸，一定要煮熟之後才能食用（可去除大量蓚酸）。

②蛋殼雖然含有鈣質，但不含維生素K，無法將鈣轉換成鈣離子，因此吃蛋殼並無意義。

③市面上已有人工製造的維生素K，大都用於治療孕婦的妊娠吐，如果攝取過量會導致胎兒腦力不足，必須謹慎服用。

接著介紹有害肌膚的食物。原則上是以含有大量磷酸的蛋白質與澱粉為對象。

蛋白質含量豐富的代表性食物是「肉類」。牛肉、豬肉、雞肉……對肌膚都不太好。蝦子、螃蟹等甲殼類含有極爲活躍的磷酸，也是肌膚的大敵，避免多吃。總之，「美食是肌膚的大敵」。

那麼完全拒食肉類，改吃「素食」，情況會怎樣？

人體在製造腦或神經細胞時必要具備仁油酸等酸質，如果缺乏則神經細胞衰弱，活動遲鈍。雖然在黃綠色葉菜類中也含有，但是消化、轉換非常遲緩。而動物中所含的酸質能夠被人體快速吸收（尤其是食用生肉），促進神經系統功能。因此，肉類也不能完全不吃，主要還是適量即可。

所謂適量，最理想的比率是1（酸性）：4（鹼性），例如1單位的米、麵包、肉類比4單位的海菜、黃綠色蔬菜。但是，平日的飲食很難維持這種比率，因此只要維持在1（酸性）：2（鹼性）的範圍內即可。如果您實在很愛吃肉類，最少也需謹守1：1的界線。爲了保有美麗的肌膚，請稍微犧牲一下口福吧！

●澱粉是強力的酸性食物

有害肌膚另一要素是「澱粉」，代表性食物有米飯、甘藷類等。含有澱粉質的食物進入人體之後，與蛋白質結合成爲磷酸，是很強的酸性食物。澱粉質與蛋白質一樣，不可攝取過量，必須與鹼性食物保持一定的攝取比率。

此外，日常生活中必須謹記以下二點：

①食用肉類時必須添加蔬菜（1：4的比率）。

②食用蝦子等甲殼類時必須用油炸過，以降低酸性度。而且烹飪用油最好使用含有大量仁油酸的食用油。

54 來自內心的美膚法①

*擷取「禪」的理論

●基本理念是不執着、不拘泥

在保養肌膚的時候，除了注意日常的飲食，還需維持「安定的精神狀態」。兩者互相配合，血液不傾向酸性，皮膚才能保持光滑、青春。

安定精神的先決條件是剔除——悲哀、憤怒、嫉妒、苦惱、緊張、焦慮等，使精神不安定的因素。

想要摒除這些要素並不容易，因爲我們都是凡人，都有喜怒哀樂的時候。

在此我想介紹各位安定精神的方法——「禪」學。「禪」忌諱一切「自我的拘泥與執著」，主張超脫自我，超脫周圍的喜怒哀樂，才能使心靈得到平穩。

這種理論可以運用到美容學上。自我放鬆、不拘泥的生活能使血液保持鹼性，並使精神方面過得安定而平穩。除此之外，「禪」還能平穩呼吸，使大腦控制靈敏，神經敏銳、自律神經保持平衡，促進血液循環及消化機能，吸收充分氧氣，酵素群、細胞分裂、角質代謝功能活躍，運動能（ＡＴＰ）、紅血球、蛋白質生產快速……等等優點。有了這些優點，就不難擁有美麗、光滑的肌膚了！

但是，有一點必須特別注意——在實行精神美容法的時候，您的心裏也許會想：「不久之後我的皮膚就會變得很美，一定會有許多人讚美我……」，如果您的內心有這種期盼與得失心，精神方面將無法求得安定，精神美容法也永遠不可能成功。

55 來自內心的美膚法②

*應用「禪」的呼吸法

●吸氣七秒、吐氣十三秒

了解「禪」的精神之後，接下來請記住禪的「呼吸法」。

簡單的說，禪的呼吸法是以「慢而穩」爲基礎。慢而穩的呼吸，能夠鬆弛過度緊張的交感神經、平衡副交感神經、調理血管的伸縮、降低血壓、平穩心臟的鼓動。

經常做「禪的呼吸法」的人，脾氣不會暴躁、血壓回復正常、脈膊跳動平穩、腦波接近平穩的「α」（阿爾發）波……，在肉體、美容各方面都將得到良好的效果。

禪的呼吸法是吸氣七秒，吐氣十三秒，一次呼吸量達2千c.c.。普通我們平均的呼吸是吸氣二秒，吐氣二秒，一次呼吸量爲5百c.c.，兩者相差四倍。

呼吸量增加，大量的氧氣進入體內，使得血液中含氧量增加而保持穩定的鹼性。皮膚表面呈微酸性，汗與油脂分泌量充足，使肌膚顯得光滑美麗。

●只要有空檔就做

以下具體說明呼吸的方法。

首先每日早晚各做一次，每次5～10分鐘，這是最基本也是最重要的一點。

其次是姿勢，大抵近似打坐的坐姿。若不方便，可躺在床上進行。呼吸法是深深吸入七秒，再慢慢吐出十三秒，橫膈膜下降，腹部自然用力，每次反覆進行5～10分鐘。掌握呼吸法的要領之後，不論何時，只要有空檔都可以做。

◉附錄——一分鐘洗臉法

①頰	用整個手掌上下磨擦	來回5次
②顎	箝住耳朵用整個手掌上下磨擦	來回5次
③額	用指腹上下磨擦	來回5次
④眼的部分	用手掌下部左右磨擦	來回5次
⑤眼下頰骨部分	用手掌下部左右磨擦	來回5次
⑥眼尾部分	用三隻指腹上下縱行	來回5次
⑦鼻樑	用三隻指腹包著鼻樑上下磨擦	來回5次
⑧鼻側	用食指沿著鼻側磨擦	來回5次
⑨唇的四週	用左右手掌橫向磨擦	來回各5次
⑩前頸	張開姆指，用整個手掌上下磨擦	來回5次
耳根後方	用整個手掌上下磨擦	來回5次

洗臉時還需注意以下數點：

①指尖不可用力過猛。

②皮膚不可過乾（入浴時效果最佳），洗面皂和水分需充足。

③按摩時間一分鐘。

④每晚進行一次。

●一分鐘洗臉法

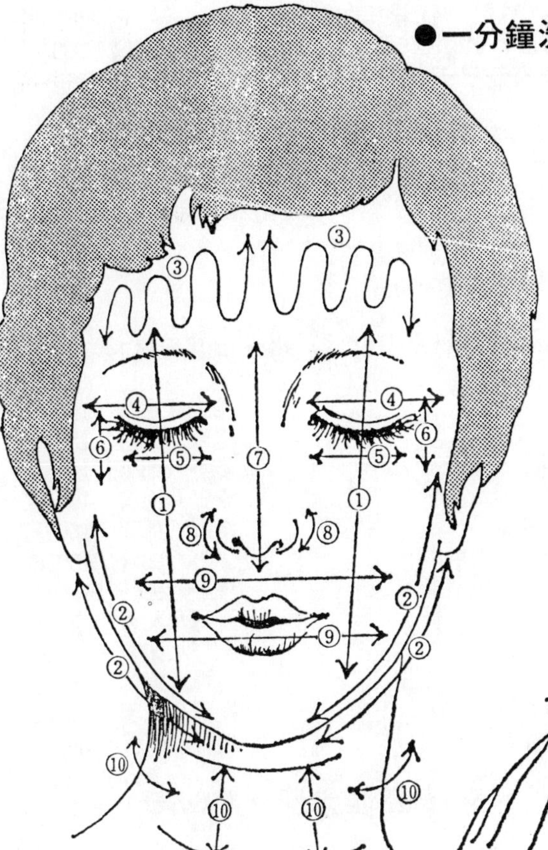

鼻樑部位按摩法

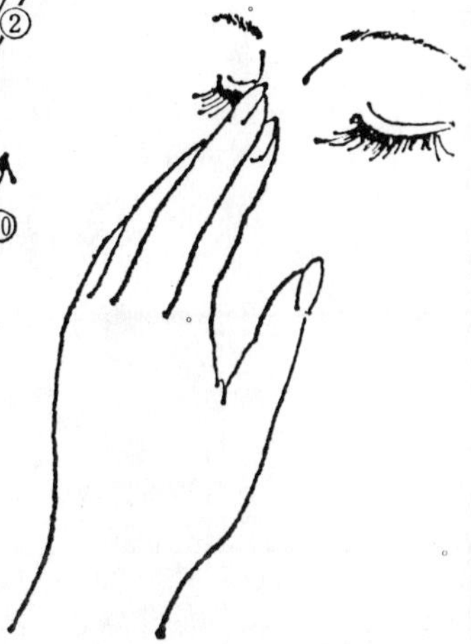

大展出版社有限公司　圖書目錄

地址：台北市北投區11204
致遠一路二段12巷1號
郵撥： 0166955～1
電話：(02) 8236031
8236033
傳眞：(02) 8272069

• 法律專欄連載 • 電腦編號 58

台大法學院　法律學系／策劃
法律服務社／編著

①別讓您的權利睡著了1	200元
②別讓您的權利睡著了2	200元

• 秘傳占卜系列 • 電腦編號 14

①手相術	淺野八郎著	150元
②人相術	淺野八郎著	150元
③西洋占星術	淺野八郎著	150元
④中國神奇占卜	淺野八郎著	150元
⑤夢判斷	淺野八郎著	150元
⑥前世、來世占卜	淺野八郎著	150元
⑦法國式血型學	淺野八郎著	150元
⑧靈感、符咒學	淺野八郎著	150元
⑨紙牌占卜學	淺野八郎著	150元
⑩ＥＳＰ超能力占卜	淺野八郎著	150元
⑪猶太數的秘術	淺野八郎著	150元
⑫新心理測驗	淺野八郎著	160元

• 趣味心理講座 • 電腦編號 15

①性格測驗1	探索男與女	淺野八郎著	140元
②性格測驗2	透視人心奧秘	淺野八郎著	140元
③性格測驗3	發現陌生的自己	淺野八郎著	140元
④性格測驗4	發現你的真面目	淺野八郎著	140元
⑤性格測驗5	讓你們吃驚	淺野八郎著	140元
⑥性格測驗6	洞穿心理盲點	淺野八郎著	140元
⑦性格測驗7	探索對方心理	淺野八郎著	140元
⑧性格測驗8	由吃認識自己	淺野八郎著	140元
⑨性格測驗9	戀愛知多少	淺野八郎著	160元

⑩性格測驗10　由裝扮瞭解人心　淺野八郎著　140元
⑪性格測驗11　敲開內心玄機　淺野八郎著　140元
⑫性格測驗12　透視你的未來　淺野八郎著　140元
⑬血型與你的一生　淺野八郎著　160元
⑭趣味推理遊戲　淺野八郎著　160元
⑮行爲語言解析　淺野八郎著　160元

・婦 幼 天 地・電腦編號 16

①八萬人減肥成果　黃靜香譯　180元
②三分鐘減肥體操　楊鴻儒譯　150元
③窈窕淑女美髮秘訣　柯素娥譯　130元
④使妳更迷人　成　玉譯　130元
⑤女性的更年期　官舒妍編譯　160元
⑥胎內育兒法　李玉瓊編譯　150元
⑦早產兒袋鼠式護理　唐岱蘭譯　200元
⑧初次懷孕與生產　婦幼天地編譯組　180元
⑨初次育兒12個月　婦幼天地編譯組　180元
⑩斷乳食與幼兒食　婦幼天地編譯組　180元
⑪培養幼兒能力與性向　婦幼天地編譯組　180元
⑫培養幼兒創造力的玩具與遊戲　婦幼天地編譯組　180元
⑬幼兒的症狀與疾病　婦幼天地編譯組　180元
⑭腿部苗條健美法　婦幼天地編譯組　180元
⑮女性腰痛別忽視　婦幼天地編譯組　150元
⑯舒展身心體操術　李玉瓊編譯　130元
⑰三分鐘臉部體操　趙薇妮著　160元
⑱生動的笑容表情術　趙薇妮著　160元
⑲心曠神怡減肥法　川津祐介著　130元
⑳內衣使妳更美麗　陳玄茹譯　130元
㉑瑜伽美姿美容　黃靜香編著　150元
㉒高雅女性裝扮學　陳珮玲譯　180元
㉓蠶糞肌膚美顏法　坂梨秀子著　160元
㉔認識妳的身體　李玉瓊譯　160元
㉕產後恢復苗條體態　居理安・芙萊喬著　200元
㉖正確護髮美容法　山崎伊久江著　180元
㉗安琪拉美姿養生學　安琪拉蘭斯博瑞著　180元
㉘女體性醫學剖析　增田豐著　220元
㉙懷孕與生產剖析　岡部綾子著　180元
㉚斷奶後的健康育兒　東城百合子著　220元
㉛引出孩子幹勁的責罵藝術　多湖輝著　170元
㉜培養孩子獨立的藝術　多湖輝著　170元

㉝子宮肌瘤與卵巢囊腫	陳秀琳編著	180元
㉞下半身減肥法	納他夏・史達賓著	180元
㉟女性自然美容法	吳雅菁編著	180元
㊱再也不發胖	池園悅太郎著	170元
㊲生男生女控制術	中垣勝裕著	220元
㊳使妳的肌膚更亮麗	楊　皓編著	170元

・青春天地・電腦編號 17

①A血型與星座	柯素娥編譯	120元
②B血型與星座	柯素娥編譯	120元
③O血型與星座	柯素娥編譯	120元
④AB血型與星座	柯素娥編譯	120元
⑤青春期性教室	呂貴嵐編譯	130元
⑥事半功倍讀書法	王毅希編譯	150元
⑦難解數學破題	宋釗宜編譯	130元
⑧速算解題技巧	宋釗宜編譯	130元
⑨小論文寫作秘訣	林顯茂編譯	120元
⑪中學生野外遊戲	熊谷康編著	120元
⑫恐怖極短篇	柯素娥編譯	130元
⑬恐怖夜話	小毛驢編譯	130元
⑭恐怖幽默短篇	小毛驢編譯	120元
⑮黑色幽默短篇	小毛驢編譯	120元
⑯靈異怪談	小毛驢編譯	130元
⑰錯覺遊戲	小毛驢編譯	130元
⑱整人遊戲	小毛驢編著	150元
⑲有趣的超常識	柯素娥編譯	130元
⑳哦！原來如此	林慶旺編譯	130元
㉑趣味競賽100種	劉名揚編譯	120元
㉒數學謎題入門	宋釗宜編譯	150元
㉓數學謎題解析	宋釗宜編譯	150元
㉔透視男女心理	林慶旺編譯	120元
㉕少女情懷的自白	李桂蘭編譯	120元
㉖由兄弟姊妹看命運	李玉瓊編譯	130元
㉗趣味的科學魔術	林慶旺編譯	150元
㉘趣味的心理實驗室	李燕玲編譯	150元
㉙愛與性心理測驗	小毛驢編譯	130元
㉚刑案推理解謎	小毛驢編譯	130元
㉛偵探常識推理	小毛驢編譯	130元
㉜偵探常識解謎	小毛驢編譯	130元
㉝偵探推理遊戲	小毛驢編譯	130元

㉞趣味的超魔術	廖玉山編著	150元
㉟趣味的珍奇發明	柯素娥編著	150元
㊱登山用具與技巧	陳瑞菊編著	150元

・健 康 天 地・電腦編號 18

①壓力的預防與治療	柯素娥編譯	130元
②超科學氣的魔力	柯素娥編譯	130元
③尿療法治病的神奇	中尾良一著	130元
④鐵證如山的尿療法奇蹟	廖玉山譯	120元
⑤一日斷食健康法	葉慈容編譯	150元
⑥胃部強健法	陳炳崑譯	120元
⑦癌症早期檢查法	廖松濤譯	160元
⑧老人痴呆症防止法	柯素娥編譯	130元
⑨松葉汁健康飲料	陳麗芬編譯	130元
⑩揉肚臍健康法	永井秋夫著	150元
⑪過勞死、猝死的預防	卓秀貞編譯	130元
⑫高血壓治療與飲食	藤山順豐著	150元
⑬老人看護指南	柯素娥編譯	150元
⑭美容外科淺談	楊啟宏著	150元
⑮美容外科新境界	楊啟宏著	150元
⑯鹽是天然的醫生	西英司郎著	140元
⑰年輕十歲不是夢	梁瑞麟譯	200元
⑱茶料理治百病	桑野和民著	180元
⑲綠茶治病寶典	桑野和民著	150元
⑳杜仲茶養顏減肥法	西田博著	150元
㉑蜂膠驚人療效	瀨長良三郎著	150元
㉒蜂膠治百病	瀨長良三郎著	180元
㉓醫藥與生活	鄭炳全著	180元
㉔鈣長生寶典	落合敏著	180元
㉕大蒜長生寶典	木下繁太郎著	160元
㉖居家自我健康檢查	石川恭三著	160元
㉗永恒的健康人生	李秀鈴譯	200元
㉘大豆卵磷脂長生寶典	劉雪卿譯	150元
㉙芳香療法	梁艾琳譯	160元
㉚醋長生寶典	柯素娥譯	180元
㉛從星座透視健康	席拉・吉蒂斯著	180元
㉜愉悅自在保健學	野本二士夫著	160元
㉝裸睡健康法	丸山淳士等著	160元
㉞糖尿病預防與治療	藤田順豐著	180元
㉟維他命長生寶典	菅原明子著	180元

㊱維他命C新效果	鐘文訓編	150元
㊲手、腳病理按摩	堤芳朗著	160元
㊳AIDS瞭解與預防	彼得塔歇爾著	180元
㊴甲殼質殼聚糖健康法	沈永嘉譯	160元
㊵神經痛預防與治療	木下眞男著	160元
㊶室內身體鍛鍊法	陳炳崑編著	160元
㊷吃出健康藥膳	劉大器編著	180元
㊸自我指壓術	蘇燕謀編著	160元
㊹紅蘿蔔汁斷食療法	李玉瓊編著	150元
㊺洗心術健康秘法	竺翠萍編譯	170元
㊻枇杷葉健康療法	柯素娥編譯	180元
㊼抗衰血癒	楊啟宏著	180元
㊽與癌搏鬥記	逸見政孝著	180元
㊾冬蟲夏草長生寶典	高橋義博著	170元
㊿痔瘡・大腸疾病先端療法	宮島伸宜著	180元
(51)膠布治癒頑固慢性病	加瀨建造著	180元
(52)芝痲神奇健康法	小林貞作著	170元
(53)香煙能防止癡呆？	高田明和著	180元
(54)穀菜食治癌療法	佐藤成志著	180元
(55)貼藥健康法	松原英多著	180元
(56)克服癌症調和道呼吸法	帶津良一著	180元
(57)Ｂ型肝炎預防與治療	野村喜重郎著	180元
(58)青春永駐養生導引術	早島正雄著	180元
(59)改變呼吸法創造健康	原久子著	180元
(60)荷爾蒙平衡養生秘訣	出村博著	180元
(61)水美肌健康法	井戶勝富著	170元
(62)認識食物掌握健康	廖梅珠編著	170元
(63)痛風劇痛消除法	鈴木吉彥著	180元
(64)酸莖菌驚人療效	上田明彥著	180元
(65)大豆卵磷脂治現代病	神津健一著	200元
(66)時辰療法——危險時刻淩晨４時	呂建強等著	元
(67)自然治癒力提升法	帶津良一著	元
(68)巧妙的氣保健法	藤平墨子著	元

・實用女性學講座・電腦編號 19

①解讀女性內心世界	島田一男著	150元
②塑造成熟的女性	島田一男著	150元
③女性整體裝扮學	黃靜香編著	180元
④女性應對禮儀	黃靜香編著	180元

•校 園 系 列• 電腦編號20

①讀書集中術	多湖輝著	150元
②應考的訣竅	多湖輝著	150元
③輕鬆讀書贏得聯考	多湖輝著	150元
④讀書記憶秘訣	多湖輝著	150元
⑤視力恢復！超速讀術	江錦雲譯	180元
⑥讀書36計	黃柏松編著	180元
⑦驚人的速讀術	鐘文訓編著	170元
⑧學生課業輔導良方	多湖輝著	170元

•實用心理學講座• 電腦編號21

①拆穿欺騙伎倆	多湖輝著	140元
②創造好構想	多湖輝著	140元
③面對面心理術	多湖輝著	160元
④偽裝心理術	多湖輝著	140元
⑤透視人性弱點	多湖輝著	140元
⑥自我表現術	多湖輝著	150元
⑦不可思議的人性心理	多湖輝著	150元
⑧催眠術入門	多湖輝著	150元
⑨責罵部屬的藝術	多湖輝著	150元
⑩精神力	多湖輝著	150元
⑪厚黑說服術	多湖輝著	150元
⑫集中力	多湖輝著	150元
⑬構想力	多湖輝著	150元
⑭深層心理術	多湖輝著	160元
⑮深層語言術	多湖輝著	160元
⑯深層說服術	多湖輝著	180元
⑰掌握潛在心理	多湖輝著	160元
⑱洞悉心理陷阱	多湖輝著	180元
⑲解讀金錢心理	多湖輝著	180元
⑳拆穿語言圈套	多湖輝著	180元
㉑語言的心理戰	多湖輝著	180元

•超現實心理講座• 電腦編號22

①超意識覺醒法	詹蔚芬編譯	130元
②護摩秘法與人生	劉名揚編譯	130元
③秘法！超級仙術入門	陸　明譯	150元

④給地球人的訊息	柯素娥編著	150元
⑤密教的神通力	劉名揚編著	130元
⑥神秘奇妙的世界	平川陽一著	180元
⑦地球文明的超革命	吳秋嬌譯	200元
⑧力量石的秘密	吳秋嬌譯	180元
⑨超能力的靈異世界	馬小莉譯	200元
⑩逃離地球毀滅的命運	吳秋嬌譯	200元
⑪宇宙與地球終結之謎	南山宏著	200元
⑫驚世奇功揭秘	傅起鳳著	200元
⑬啟發身心潛力心象訓練法	栗田昌裕著	180元
⑭仙道術遁甲法	高藤聰一郎著	220元
⑮神通力的秘密	中岡俊哉著	180元
⑯仙人成仙術	高藤聰一郎著	200元
⑰仙道符咒氣功法	高藤聰一郎著	220元
⑱仙道風水術尋龍法	高藤聰一郎著	200元
⑲仙道奇蹟超幻像	高藤聰一郎著	200元
⑳仙道鍊金術房中法	高藤聰一郎著	200元

•養 生 保 健• 電腦編號 23

①醫療養生氣功	黃孝寬著	250元
②中國氣功圖譜	余功保著	230元
③少林醫療氣功精粹	井玉蘭著	250元
④龍形實用氣功	吳大才等著	220元
⑤魚戲增視強身氣功	宮　嬰著	220元
⑥嚴新氣功	前新培金著	250元
⑦道家玄牝氣功	張　章著	200元
⑧仙家秘傳袪病功	李遠國著	160元
⑨少林十大健身功	秦慶豐著	180元
⑩中國自控氣功	張明武著	250元
⑪醫療防癌氣功	黃孝寬著	250元
⑫醫療強身氣功	黃孝寬著	250元
⑬醫療點穴氣功	黃孝寬著	250元
⑭中國八卦如意功	趙維漢著	180元
⑮正宗馬禮堂養氣功	馬禮堂著	420元
⑯秘傳道家筋經內丹功	王慶餘著	280元
⑰三元開慧功	辛桂林著	250元
⑱防癌治癌新氣功	郭　林著	180元
⑲禪定與佛家氣功修煉	劉天君著	200元
⑳顛倒之術	梅自強著	360元
㉑簡明氣功辭典	吳家駿編	元

㉒八卦三合功　張全亮著　230元

・社會人智囊・電腦編號 24

①糾紛談判術	清水增三著	160元
②創造關鍵術	淺野八郎著	150元
③觀人術	淺野八郎著	180元
④應急詭辯術	廖英迪編著	160元
⑤天才家學習術	木原武一著	160元
⑥猫型狗式鑑人術	淺野八郎著	180元
⑦逆轉運掌握術	淺野八郎著	180元
⑧人際圓融術	澀谷昌三著	160元
⑨解讀人心術	淺野八郎著	180元
⑩與上司水乳交融術	秋元隆司著	180元
⑪男女心態定律	小田晉著	180元
⑫幽默說話術	林振輝編著	200元
⑬人能信賴幾分	淺野八郎著	180元
⑭我一定能成功	李玉瓊譯	180元
⑮獻給青年的嘉言	陳蒼杰譯	180元
⑯知人、知面、知其心	林振輝編著	180元
⑰塑造堅強的個性	坂上肇著	180元
⑱爲自己而活	佐藤綾子著	180元
⑲未來十年與愉快生活有約	船井幸雄著	180元

・精 選 系 列・電腦編號 25

①毛澤東與鄧小平	渡邊利夫等著	280元
②中國大崩裂	江戶介雄著	180元
③台灣・亞洲奇蹟	上村幸治著	220元
④7-ELEVEN高盈收策略	國友隆一著	180元
⑤台灣獨立	森 詠著	200元
⑥迷失中國的末路	江戶雄介著	220元
⑦2000年5月全世界毀滅	紫藤甲子男著	180元
⑧失去鄧小平的中國	小島朋之著	220元

・運 動 遊 戲・電腦編號 26

①雙人運動	李玉瓊譯	160元
②愉快的跳繩運動	廖玉山譯	180元
③運動會項目精選	王佑京譯	150元
④肋木運動	廖玉山譯	150元

國家圖書館出版品預行編目資料

使妳的肌膚更亮麗／楊皓編著，——2版，——臺
北市：大展，民86
面；　公分——（婦幼天地；38）
ISBN 957-557-665-9（平裝）

1. 皮膚—保養

424.3　　85013591

使妳的肌膚更亮麗　ISBN 957-557-665-9

編著者／楊　皓
發行人／蔡　森　明
出版者／大展出版社有限公司
社　址／台北市北投區（石牌）致遠一路二段12巷1號
電　話／(02) 8236031・8236033
傳　眞／(02) 8272069
郵政劃撥／0166955－1
登記證／局版臺業字第2171號
承印者／高星企業有限公司
裝　訂／日新裝訂所
排版者／千兵企業有限公司
電　話／(02) 8812643
初　版／1989年（民78年）9月
2　版／1997年（民86年）1月

定　價／170元